《建筑力学》
学习与实验指导

主编　陈德先

Jianzhu　Lixue Xuexi yu
Shiyan Zhidao

四川大学出版社

责任编辑:梁　平
责任校对:林鹏飞
封面设计:米茄设计工作室
责任印制:王　炜

图书在版编目(CIP)数据

《建筑力学》学习与实验指导 / 陈德先主编. —成
都：四川大学出版社，2014.8
ISBN 978-7-5614-7981-0

Ⅰ.①建…　Ⅱ.①陈…　Ⅲ.①建筑力学-高等学校-
教学参考资料　Ⅳ.①TU311

中国版本图书馆 CIP 数据核字（2014）第 197578 号

书 名	《建筑力学》学习与实验指导	
主　编	陈德先	
出　版	四川大学出版社	
地　址	成都市一环路南一段 24 号 (610065)	
发　行	四川大学出版社	
书　号	ISBN 978-7-5614-7981-0	
印　刷	郫县犀浦印刷厂	
成品尺寸	185 mm×260 mm	
印　张	8	
字　数	192 千字	
版　次	2014 年 9 月第 1 版	
印　次	2014 年 9 月第 1 次印刷	
定　价	22.00 元	

◆读者邮购本书,请与本社发行科联系。
电话:(028)85408408/ (028)85401670/
(028)85408023　邮政编码:610065
◆本社图书如有印装质量问题,请
寄回出版社调换。
◆网址:http://www.scup.cn

前　　言

　　陈德先主编的主要适用于第二专业学生文化基础的《建筑力学》教材自 2013 年 9 月出版发行以来，受到这一层面上师生的普遍欢迎。应读者的需要，我们精心编写了与之配套的学习与实验指导书。

　　全书分为七个项目，即《建筑力学》学习方法、《建筑力学》学习指导、《建筑力学》思考题参考答案、《建筑力学》实验指导、《建筑力学》期末考试模拟试卷与参考答案、《建筑力学》课程教学大纲及超静定结构分析简介。《建筑力学》学习指导按主教材的章节顺序编写，每章分为教学目标、解题方法与典型例题三个部分，其中"解题方法"部分深入细致地介绍解题思路、解题方法、解题技巧与注意点，以提高学生分析问题和解决问题的能力；"典型例题"部分精选主教材习题与例题中没有涉及的典型题进行分析，以拓展学生的视野。超静定结构分析简介是主教材中没有的内容，目的是满足文化基础好、有从事结构设计愿望的学生深入学习的需要。

　　本书的编写以应用为目的，以必须、够用、实用为原则，突出针对性和应用性。

　　本教材在编写过程中，参考了相关的资料文献，在此对各位资料文献的作者及为这本教材的编写、出版提供支持和帮助的所有同志诚表感谢。

　　本书由南充职业技术学院陈德先副教授主编，南充职业技术学院王静杰讲师与严先辉建造师参编。

　　本书由南充职业技术学院苏登信副教授主审。

　　由于编者水平有限，书中难免存在不足之处，恳请广大读者提出宝贵意见。

目　录

项目一 《建筑力学》学习方法

一、注意和其他课程的关系

在《建筑力学》教材的学习过程中，经常会遇到高等数学、物理学中的一些知识，因此，在学习中应根据需要对相关内容进行必要的复习，并在运用中得到巩固和提高。在后续课程中，建筑力学又是建筑结构、土力学与地基基础、水力学和建筑施工技术等课程的基础，如果学不好建筑力学，对后续课程的学习，将带来很大的难度。

二、注意理论联系实际

力学与工程是紧密相连的。工程技术的发展，不断提出新的力学问题；力学研究的发展又不断应用于工程实际并推动其进步。因此在学习中必须理论联系实际，学会观察、了解结构的性能和使用情况，能够使用所学理论知识来解决实际问题。

三、注意分析方法和解题思路

在《建筑力学》中讲述的是各种具体的计算方法，学习时要着重理解力学的思维方法，掌握其常用的解题思路。特别是要熟悉从这些具体计算方法中归纳出分析问题的过程和步骤，从已知条件探讨未知领域的途径，把整体分解为局部和局部合成整体的手段，等等。

四、注意多预习、复习和练习

建筑力学是一门理论性和实践性都很强的课程。单凭教师讲课很难完整地理解和掌握，所以学生在上课前应先把有关章节的内容进行预习，带着问题听教师讲课，能够有目的性地解决问题；复习又起到巩固和加强理解所学知识的作用；而多做练习，则对总结力学规律、归纳学习方法、掌握解题技巧起到事半功倍的作用。

注：本书中力矢量与力矢量大小均用白体字母表示。

第一章 静力学基础

【教学目标】

1. 掌握力的概念。
2. 牢固掌握静力学基本公理。
3. 掌握约束及约束反力的概念。
4. 掌握几种常见平面约束类型反力的画法。
5. 掌握分离体和受力图的概念。
6. 掌握画受力图的方法与步骤。
7. 会画单个物体的受力图。

【解题方法】

本章习题主要是画指定物体的受力图。

一、画指定物体的受力图的基本步骤

1. 取分离体

解除指定物体所受的全部约束，将其从周围物体中分离出来，并单独画出其简图。

2. 画主动力

在指定物体的分离体简图上，画出其所受到的主动力（荷载）。

3. 画约束反力

在指定物体的分离体简图上，画出其所受到的约束反力。

二、画受力图的注意点

（1）明确研究对象并取分离体。根据需要，可取单个物体为研究对象，也可取由几个物体组成的系统为研究对象。研究对象大到可以是整个系统，小到系统上一个点。不同的研究对象的受力图是不同的。

（2）搞清研究对象受力的数目，既不要多画又不要漏画。由于力是物体间的相互机械作用，因此，对于每一个力，都存在着施力者和受力者。

（3）正确表达约束反力。凡是研究对象与周围其他物体接触的地方，都一定存在着约束反力，约束反力的表达方式应根据约束的类型来确定。画受力图时采用解除约束代之以力的方法，即受力图上不能再画上约束。

（4）正确表达作用力与反作用力之间的关系。分析两物体间相互作用时，应遵循作用力与反作用力定律。作用力的方向一经假定，反作用力的方向必须与之相反。

（5）受力图上只画外力，不画内力（应该称为内部约束反力）。在画物体系统的受力图时，由于内力成对出现，组成平衡力系，因此不必画出。一个力，属于外力还是内力，可能因研究对象的不同而不同。当将物体系统拆开来分析时，系统中的有些内力就会成为作用在被拆开物体上的外力。

（6）同一物体系统中各研究对象的受力图必须协调一致。同一力在不同的受力图中的表示应完全相同。某处的约束反力一旦确定，则无论是在整体、局部还是单个物体的受力图上，该约束力的表示必须完全一致，不能相互矛盾。

（7）正确判断二力杆。由于二力杆上两个力的方向可以根据二力平衡公理确定，从而简化受力图，因此，二力杆的正确判断对于受力分析意义重大。

（8）销钉问题。

两个杆件用铰链连接，若铰链中心无荷载作用，则两个杆件间的作用力相当于作用力与反作用力关系（不是真正的作用力与反作用力），若铰链中心有荷载作用，则两个杆件间的作用力不相当于作用力与反作用力关系。

（9）二力杆问题。

二力杆指的是两点受力处于平衡状态的杆件，而不一定是指受两个力作用而处于平衡状态的杆件。

【典型例题】

【例 1】如何准确地理解力的概念？应注意些什么问题？

【解答】力的概念是力学中最基本的概念之一。力是物体之间相互的机械作用，其作用效果是使物体的运动状态发生变化，或者使物体发生变形。

理解力的概念应注意下述几点。由于力是物体之间相互的机械作用，因此可知：

1. 力不能脱离物体而单独存在；

2. 既有力存在，就必定有施力物体和受力物体；

3. 力是成对出现的，既有作用力就必有其反作用力存在。

力有两种作用效果，即力可以使物体的运动状态发生变化，也可以使物体发生变形。力的前一种效果称为力的外效应，后一种效果称为力的内效应。这两种效应通常是同时发生的，只是有的明显有的不明显罢了。在静力学中，我们只研究力的外效应。

【例 2】力的可传性原理指出：作用在刚体上的力可沿其作用线移动而不会改变它对刚体的外效应。那么如图 2−1−1 和如图 2−1−2 所示中力沿其作用线的移动是否可以？

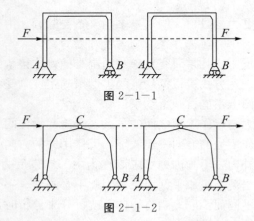

图 2−1−1

图 2−1−2

【解答】力的可传性原理是针对同一刚体而言的，即作用在同一刚体上的力可沿其作用线移动到该刚体上任一点而不会改变此力对该刚体的外效应。所以如图 2−1−1 所示的移动是可以的。但如图 2−1−2 所示的移动是错误的，因为这时力已由刚体 AC 移动到另一刚体 BC 上去了，这是不允许的。如果我们对如图 2−1−2 所示中的两个刚体作一下受力分析，也就会知道力由一个刚体沿其作用线移动到另外一个刚体上是不对的。如图 2−1−3 所示，在移动前刚体 AC 是受三个力作用而平衡的，刚体 BC 则是二力构件，即受两个力作用而平衡；但移动后刚体 AC 和刚体 BC 的受力情况都发生了变化，如图 2−1−4 所示。刚体 AC 原受三力平衡现在变为二力而平衡，即为二力构件。而刚体 BC 原受二力平衡现在变为受三力平衡。此外，在铰链 C 点处，两个刚体相互作用力的方向在力移动之后也发生了改变。移动前刚体 AC 与 BC 在 C 点处相互作用力的方向沿 B 点与 C 点的连线，移动后两个刚体在 C 点处相互作用力的方向沿 A 点与 C 点的连线。因此，力只能在同一个刚体上沿其作用线而移动，而绝不允许力由一个刚体移动到另一个刚体上。否则力对刚体的外效应就要发生变化。

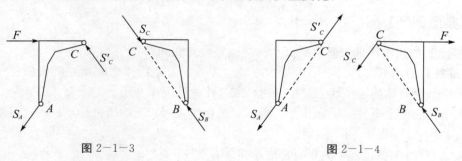

图 2−1−3　　　　　　　　　　　　图 2−1−4

【例 3】一简易起重机如图 2−1−5（a）所示，起吊重物的重量为 Q，机架自重不计，试画出水平梁 CD 和立柱 AB 的受力图。

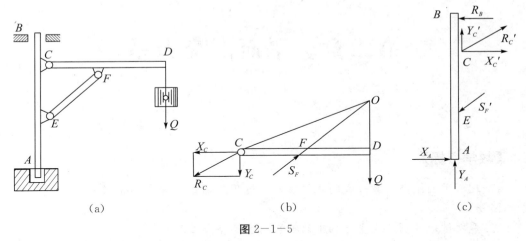

图 2−1−5

【解答】

1. 画横梁 CD 的受力图，如图 2−1−5（b）所示。

（1）将 CD 梁单独画出。

（2）画主动力：重物的重量为 Q，CD 梁自重不计。

（3）画约束反力：C 处为铰链约束，其约束反力的方向不能预先确定，因此用两个互相垂直的分力 X_C、Y_C 表示。EF 是二力杆，所以 CD 梁上铰链 F 处的约束反力 S_F 的方向沿 EF 杆。如果考虑横梁 CD 受到 Q、S_F 和 R_C 三个力作用而平衡，则按照三力平衡汇交定理，Q 和 S_F 的方向已知，可找到其交点 O，那么，第三个力 R_C 的作用线也通过 O 点，由此可确定 R_C 的方位，而不必将其分解成 X_C 和 Y_C。

2. 画立柱 AB 的是受力图，如图 2−1−5（c）所示。

（1）将立柱 AB 单独画出。

（2）画立柱所受的力：

AB 自重不计；C 处约束反力可用 X_C'、Y_C' 或用 R_C' 表示；E 处约束反力 S_F' 沿 EF 杆，且 $S_F = -S_F'$（二者相当于作用力与反作用力关系）；B 处为滑动轴承，其约束反力可用 R_B 表示，R_B 的方向与 AB 垂直；A 处为止推轴承，其约束反力用 X_A 和 Y_A 表示。

第二章 平面汇交力系

【教学目标】

1. 理解平面汇交力系合成的几何法，能运用平衡的几何条件求解平面汇交力系的平衡问题。

2. 能熟练地计算力在坐标轴上的投影，理解合力投影定理。

3. 理解平面汇交力系合成的解析法，能熟练运用平衡的解析条件（即平衡方程）求解平面汇交力系的平衡问题。

【解题方法】

本章习题主要有力系合成与平衡两种类型，每种类型有几何法与解析法两种解决方法。几何法是一种定性的粗略的计算方法，但简单、直观；解析法是一种精确的计算方法，且将复杂的矢量运算转化为简单的代数运算。

一、求平面汇交力系的合力

1. 几何法解题步骤

（1）选取作图比例尺。

（2）按照所选定的比例尺，将力系中的各个分力依次首尾相连，画出开口力多边形。

（3）作出开口力多边形的封闭边矢量，即得合力矢。

（4）按照所取比例尺，量合力矢的大小和方向，或者利用三角公式求出合力矢。

2. 解析法解题步骤

（1）选取直角坐标轴。

（2）计算合力的投影。

（3）计算合力的大小

$$F_R = \sqrt{\left(\sum F_x\right)^2 + \left(\sum F_y\right)^2}$$

（4）确定合力的方向

$$\tan\alpha = \left| \frac{\sum F_y}{\sum F_x} \right|$$

α 为合力 F_R 与 x 轴所夹的锐角。合力 F_R 的指向由 $\sum F_y$ 和 $\sum F_x$ 的正负号来确定，合力的作用线通过原力系各力的汇交点。

注意点：

(1) 力在直角坐标轴上的投影为代数量，力在平面上的投影为矢量。

(2) 解析法比几何法常用。

二、求解平面汇交力系的平衡问题

1. 几何法解题步骤（了解）

(1) 选取研究对象。

(2) 画受力图。

(3) 作封闭的力多边形：选择适当的比例尺，将研究对象上的各个分力依次首尾相连，作出封闭的力多边形。作图时应从已知力开始，根据矢序规则和封闭特点，就可以确定未知力的方位与指向。

(4) 确定未知量：按照选定的比例尺量取未知量，或者利用三角公式求出未知量。

2. 解析法解题步骤

(1) 选取研究对象。

(2) 画受力图。

(3) 选取坐标轴，列平衡方程。

(4) 联解平衡方程，求出未知量。

注意点：

(1) 选取研究对象的一般原则为：所选取物体上既包含已知力又包含待求的未知力；先选受力情况较为简单的物体，再选受力情况相对复杂的物体；选取的研究对象上所包含的未知量的数目一般不要超过力系的独立平衡方程的数目。本章的研究对象大到可以是整个结构，小可以小到结构上一个点。

(2) 受力图是求解平衡问题的基础，不能出现任何差错，更不能省略不画。

(3) 在选取坐标轴时，应使尽可能多的未知力与坐标轴垂直，同时还要便于计算投影。因土木工程中常见荷载一般位于水平与竖直方位，所以一般水平方位选为 x 轴，竖直方位选为 y 轴。

(4) 本章画物体受力图，必要时需用二力平衡共线、三力平衡汇交等条件确定某些反力的指向或作用线的方位。

(5) 求解平面汇交力系的平衡问题，常用的是解析法，但当力系中只含有三个力时，采用几何法往往更为方便。

【典型例题】

【例 1】 平面汇交力系的平衡条件如何表达？

【解答】 平面汇交力系的平衡条件有两种表达方式。一种为几何条件，即平面汇交力系平衡的必要与充分条件是力多边形自行封闭；另一种为解析条件，即平面汇交力系

平衡必要与充分条件是所有各力在 x 轴和 y 轴上投影的代数和分别等于零，即

$$\sum F_x = 0$$

$$\sum F_y = 0$$

通常把上述解析条件称为平面汇交力系的平衡方程。

【例 2】A，B 两人拉一压路碾子，如图 2-2-1 所示，$F_A = 400$ N，为使碾子沿图中所示的方向前进，B 应施加多大的力（$F_B = ?$）。

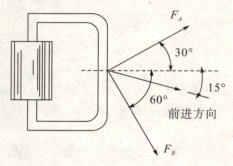

图 2-2-1

【解答】因为前进方向与力 F_A，F_B 之间均为 45°夹角，要保证二力的合力为前进方向，则必须 $F_A = F_B$。所以：$F_B = F_A = 400$ N。

【例 3】如图 2-2-2 所示固定环，受三根钢绳拉力 $F_1 = 0.5$ kN，$F_2 = 1$ kN，$F_3 = 2$ kN，求固定环受钢绳作用的合力 F_R。

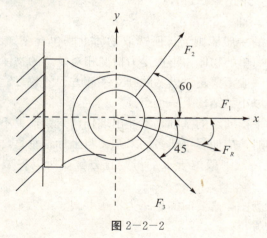

图 2-2-2

【解答】

1. 建立坐标系，求力系合力的投影：

$$F_{Rx} = \sum F_x = F_1 + F_2 \cos 60° + F_3 \cos 45° = 2414 \text{ N}$$

$$F_{Ry} = \sum F_y = -548 \text{ N}$$

2. 求合力：

大小：$F_R = \sqrt{(\sum F_x)^2 + (\sum F_y)^2} = \sqrt{2414^2 + 548^2} = 2475 \text{(N)}$

方位：$\tan\alpha = \left| \dfrac{\sum F_y}{\sum F_y} \right| = \dfrac{548}{2414} = 0.227$ $\alpha = 12.8°$

指向：如图 2—2—2 所示。

【例 4】 如图 2—2—3（a）所示结构，已知 $P = 2$ kN，求支座 A 与 CD 杆的反力。

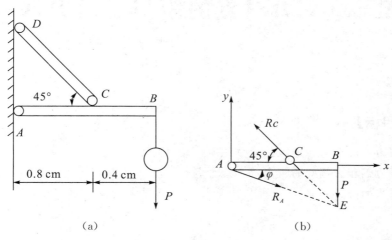

图 2—2—3

【解答】

1. 取 AB 杆为研究对象。

2. 将 CD 杆作为链杆约束，依据三力平衡汇交定理，画出 AB 杆的受力图，建立坐标系如图 2—2—3（b）所示。

3. 列平衡方程，得

$$\begin{cases} \sum F_x = 0 & R_A\cos\varphi - R_C \times \dfrac{\sqrt{2}}{2} = 0 \\[2mm] \sum F_y = 0 & -P - R_A\sin\varphi + R_C \times \dfrac{\sqrt{2}}{2} = 0 \end{cases}$$

4. 解方程：

因 $BC = BE$，所以 $\tan\varphi = \dfrac{EB}{AB} = \dfrac{0.4}{1.2} = \dfrac{1}{3}$

解方程得 $R_A = 3.16$ kN，$R_C = 4.24$ kN。

第三章 力对点的矩与平面力偶系

【教学目标】

1. 理解力矩和合力矩定理，能熟练地计算力对点的矩。
2. 理解力偶和力偶矩的概念，掌握力偶的性质。
3. 理解平面力偶系的合成和平衡条件，能应用平衡条件求解平面力偶系的平衡问题。

【解题方法】

本章习题的主要类型是求解平面力偶系的平衡问题。求解平面力偶系平衡问题的步骤与用解析法求解平面汇交力系的平衡问题步骤相比，除不需建立坐标系外，其他方面基本相同。

注意点：

1. 由于平面力偶系独立的平衡方程数目为1，所以本章画物体受力图要根据力偶只能与力偶平衡的性质来画，使受力图上的未知数一般不超过一个。
2. 平面问题中的力矩为代数量，空间问题中的力矩为矢量。

【典型例题】

【例 1】 力与力偶有什么异同？

【解答】 如前所述，力是物体之间相互的机械作用，其作用效果可使物体的运动状态发生变化或者使物体发生变形。而力偶是由两个大小相等、方向相反、作用线平行但不重合的力所组成的力系。但力偶也是物体之间相互的机械作用，其作用效果也是使物体的运动状态发生变化（外效应）或者使物体发生变形（内效应）。

力可以使物体平动，也可以使物体转动；但是力偶只能使物体转动，而不能使物体平动。即力与力偶的内效应与外效应并不等同。力偶没有合力，因此它不能用一个力来代替，也不能用一个力与其平衡。力偶只能用力偶来代替，也只能与力偶平衡。力与力偶是物体之间相互作用的两种最简单的、最基本的形式。换句话说，不管两个物体之间的相互作用多么复杂，归根到底不外乎是一个力，或者是一个力偶，或者是力与力偶的组合。

【例 2】 铰链四链杆机构 $OABO_1$ 在如图 2-3-1 所示位置平衡，已知 $OA=0.4$ m，

$O_1B=0.6$ m，作用在曲柄 OA 上的力偶矩 $M_1=1$ N·m，不计杆重，求力偶矩 M_2 的大小及链杆 AB 所受的力。

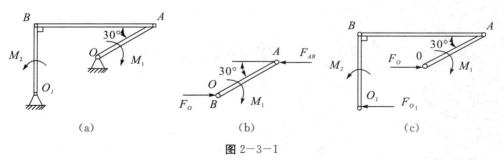

(a)   (b)   (c)

图 2-3-1

【解答】

1. 求杆 AB 受力：

（1）取曲柄 OA 画受力图如图图 2-3-1（b）所示。杆 AB 为二力杆。

（2）列平衡方程：

$$\sum M = 0, \ -M_1 + F_{AB} \times OA\sin 30° = 0$$

（3）求解未知量。

将已知条件 $M_1=1$ N·m，$OA=0.4$ m，代入平衡方程，解得：

$F_{AB}=5$ N，AB 杆受拉。

2. 求力偶矩 M_2 的大小。

（1）取铰链四链杆机构 $OABO_1$ 画受力图如图 2-3-1（c）所示。F_O 和 F_{O_1} 构成力偶。

（2）列平衡方程：

$$\sum M = 0, \ -M_1 + M_2 - F_O \times (O_1B - OA\sin 30°) = 0$$

（3）求解未知量。

将已知条件 $M_1=1$ N·m，$OA=0.4$ m，$O_1B=0.6$ nm 代入平衡方程，解得：

$M_2=3$ N·m

第四章　平面任意力系

【教学目标】

1. 掌握力的平移定理。

2. 理解平面任意力系向任一点简化的方法，会计算平面任意力系的主矢、主矩及简化的最后结果。

3. 熟悉平面任意力系和平面平行力系各种形式的平衡方程及其限制条件。能熟练地运用平面任意力系的平衡方程求解单个物体和简单物体系统的平衡问题。

【解题方法】

本章习题主要有下列两种类型。

一、平面任意力系的简化与合成

解题步骤：

（1）选取简化中心和直角坐标系。

（2）确定主矢：

$$F_R' = \sqrt{(\sum F_x)^2 + (\sum F_y)^2}, \tan\alpha = \left| \frac{\sum F_y}{\sum F_x} \right|$$

（3）确定主矩：

$$M_O = \sum M_O = M_O(F_1) + M_O(F_2) + \cdots + M_O(F_n) = \sum M_O(F)$$

（4）确定合成结果：对简化结果进行讨论，确定平面任意力系的最终合成结果。若主矢与主矩均不为零，则需根据 $d = \dfrac{|M_O|}{F_R}$，确定合力作用线的位置。

注意点：

（1）"简化"是指用一个较为简单的力系，来等效代替一个较为复杂的力系；而"合成"则是指用一个力或一个力偶，来等效代替一个力系。两者概念不同，要注意区分。

（2）平面平行力系的简化依据、一般结果与最终结果均与平面任意力系相同。

二、求解平面任意力系的平衡问题

求解平面任意力系平衡问题的基方法步骤与求解平面汇交力系或平面力偶系的平衡问题相似，此外，还需特别注意以下几点。

1．研究对象的适当选择

研究对象既可以选择单个物体，也可以选择整个系统，还可以选择部分物体的组合。适当的选择研究对象，可以事半功倍，方便问题的求解。在选取研究对象时一般应遵循下列原则：

（1）所选取的研究对象上既包含已知力又包含未知力；

（2）先选取受力情况较为简单的物体，再选取受力情况相对复杂的物体；

（3）选取的研究对象上所包含的未知量的数目一般不要超过力系的独立平衡方程的数目。

2．受力图的完整准确

受力图是分析计算的基础，不能出现任何差错，更不允许省略不画。

3．静定与超静定的正确判断

不同的力系，其独立平衡方程的数目也是不同的。要使平衡问题获解，该问题必须是静定问题，即未知量的数目必须不大于该力系的独立平衡方程的数目。

4．平衡方程的选取

平面任意力系的平衡方程，除了基本形式以外，还有二矩式与三矩式形式；无论哪种形式的平衡方程，都只有三个独立的平衡方程，所以，平面任意力系的平衡方程只能求解三未知量，解题时通常用基本形式。若用二矩式与三矩式要注意其附加条件。

5．投影轴与矩心的恰当选取

在建立平衡方程时，应注意投影轴与矩心的恰当选取，最好使一个平衡方程中只包含一个未知量，以避免求解联立方程组，从而方便计算。为此，可选取与不需求的未知力作用线垂直的坐标轴为投影轴，选取不需求的未知力作用线的交点为矩心。土木工程中支座约束最常见，支座处是约束反力集中的地方，所以一般以支座约束反力作用点为矩心。

6．结构与物体系统的关系

不能运动的物体系统可以称为结构，要运动的物体系统则称为机构。

7．独立平衡方程与非独立平衡方程

各种平面力系均只能建立有限个独立平衡方程，但均可建立无限个非独立平衡方程。力系独立平衡方程一般用于求解未知数，非独立平衡方程用于校核独立平衡方程的建立与求解是否正确。

另外，还要注意临界平衡状态下物体的受力分析（个别反力为零）。

【典型例题】

【例 1】 应用平面任意力系的平衡方程时需要注意些什么问题?

【解答】 应用平面任意力系的平衡方程时应注意下列几点:

1. 平面任意力系的平衡方程有三种形式,解题时通常用基本形式

$$\sum F_x = 0, \sum F_y = 0, \sum M_O(F) = 0$$

解题时先用投影方程,或先用力矩方程皆可。总之,要求一个方程能解出一个未知量来,尽量避免解联立方程。

2. 选取与未知力相垂直或平行的轴为坐标轴;选取两未知力的交点(不管此交点是在刚体上还是在刚体外)为矩心,这样建立的平衡方程即可简化计算和避免解联立方程。

3. 投影方程和力矩方程中力的投影和力矩的正负号不要搞错,力对点之矩或力偶矩通常逆时针转向取正值,顺时针转向取负值。

【例 2】 如图 2—4—1 所示,xy 坐标平面上 A、B、C 三点构成一等边三角形,三点分别作用力 F,试简化该力系。

【解答】

1. 求力系的主矢

$$\sum F_x = F - F\cos60° - F\sin30° = 0$$

$$\sum F_y = 0 - F\sin60° - F\cos30° = 0$$

$$F_R' = \sqrt{(\sum F_x)^2 + (\sum F_y)^2} = 0$$

2. 选 A 点为简化中心,求力系的主矩

$$M_A = \sum M_A(F) = F\sin60° \cdot AB = \frac{\sqrt{3}F \cdot AB}{2}$$

简化结果表明原力系是一平面力偶系。

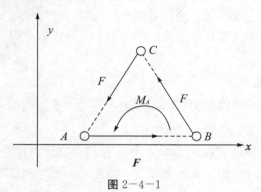

图 2—4—1

【例 3】 如图 2—4—2 (a) 所示刚架,已知 $F=10$ kN,$M=10$ kN·m,$a=2$ m,试求刚架 A、B 支座的约束反力。

【解答】

1. 取刚架 AB 为研究对象，画受力图如图 2－4－2（b）所示。

2. 列平衡方程，解方程。

$$\sum M_A\,(F)\,=0 \qquad F_B2a-Fa-M=0$$

$$F_B=\frac{10\times2+10}{2\times2}=7.5(\text{kN})$$

$$\sum F_x=0 \qquad F_{Ax}=0$$

$$\sum F_y=0 \qquad F_{Ay}+F_B-F=0$$

$$F_{Ay}=F-F_B=2.5\ \text{kN}$$

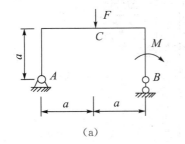 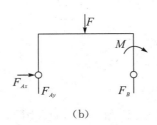

（a） （b）

图 2－4－2

【例4】 如图 2－4－3 所示汽车起重机车体重 $G_1=26$ kN，吊臂重 $G_2=4.5$ kN，起重机旋转和固定部分重 $G_3=31$ kN。设吊臂在起重机对称面内，试求汽车的最大起重量 G。

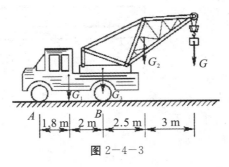

图 2－4－3

【解答】

1. 取汽车起重机为研究对象，画其受力图如图 2－4－4 所示。当汽车起吊最大重量 $G_{\max}$ 时，处于临界平衡状态，此时 $F_{NA}=0$。

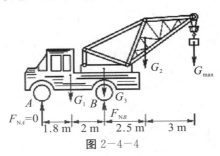

图 2－4－4

2. 建直角坐标系，列平衡方程。

$$\sum M_B(F) = 0, \quad -G_2 \times 2.5 - G_{max} \times 5.5 + G_1 \times 2 = 0$$

3. 求解未知量。将已知条件 $G_1 = 26$ kN，$G_2 = 4.5$ kN 代入平衡方程，解得：

$G_{max} = 7.41$ kN

【例5】汽车地秤如图 2-4-5 所示，BCE 为整体台面，杠杆 AOB 可绕 O 轴转动，B，C，D 三点均为光滑铰链，已知砝码重 G_1，杠杆尺寸分别为 l，a。不计其他构件自重，试求汽车自重 G_2。

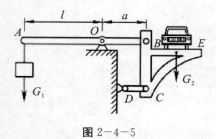

图 2-4-5

【解答】

1. 分别取 BCE 和 AOB 画受力图，如图 2-4-6、2-4-7 所示。

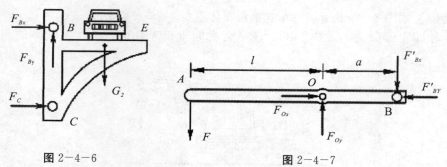

图 2-4-6   图 2-4-7

2. 建直角坐标系，列平衡方程。

对 BCE 列 $\sum F_y = 0$，$F_{By} - G_2 = 0$

对 AOB 列 $\sum M_O (F) = 0$，$-F'_{By} \times a + F \times 1 = 0$

3. 求解未知量。将已知条件 $F_{By} = F'_{By}$，$F = G_1$ 代入平衡方程，解得：

$G_2 = lG_1a$

第五章 材料力学的基本概念

【教学目标】

1. 理解变形固体的概念及其基本假设。
2. 了解杆件变形的基本形式。
3. 掌握求内力的基本方法——截面法。
4. 牢固掌握应力的概念。

【解题方法】

(略)

【典型例题】

(略)

第六章 轴向拉伸和压缩

【教学目标】

1. 牢固掌握轴力的概念及轴力图的画法。
2. 会计算轴向拉压杆的应力。
3. 掌握杆件的变形计算。
4. 了解塑性材料拉压时的力学性能。
5. 了解脆性材料拉压时的力学性能。
6. 掌握材料拉压过程中的几个重要指标。
7. 掌握许用应力及安全系数的概念。
8. 掌握拉压杆的强度条件。
9. 会灵活应用强度条件进行相关计算。

【解题方法】

本章习题的主要类型有下列三种。

一、画拉压杆的轴力图

方法一（基本方法）的步骤：
（1）求支座反力。
（2）分段计算轴力。
（3）用描点法绘轴力图。

方法二（简便方法）的步骤
（1）画一根基线。
（2）从基线的左端点开始遇集中荷载画竖直线［规定：荷载方向向左，往上画竖线；反之向下画竖线（简记为左上右下）。竖线长度等于荷载大小］，荷载作用截面处要标出轴力值（称控制值）；无荷载作用杆段画水平直线。
（3）基线上方的图标上正号，下方的图标上负号，旁边标出图名及单位。
注意点：
（1）二力杆上，两外力作用点间各横截面上的轴力相等。
（2）本章固定端支座只有与拉压杆轴线重合的一个反力。

（3）多力杆求轴力的分段原则：两个相邻集中力作用点之间为一段。

（4）求轴力的简便方法：

杆件任意截面的轴力 F_N 等于截面一侧（左或右、上或下）杆上所有外力的代数和。若外力指向离开该截面时，该项外力取正号；反之，取负号。

（5）材料力学与结构力学部分，荷载与反力都属于外力。

（6）公理 5：变形体在某一力系作用下处于平衡，如将此变形体刚化为刚体，其平衡状态保持不变。公理 5 建立了刚体力学与变形体力学的联系。所以材料力学与结构力学部分求内力的依据仍然是平面力系的平衡方程。

（7）用简便方法画竖杆或斜杆轴力图时，可将该杆旋转到水平位置上。

二、拉压杆的强度计算

依据 $\sigma_{max} = \dfrac{F_{Nmax}}{A} \leqslant [\sigma]$ 进行强度计算：

（1）校核强度：

已知杆件所受外力、横截面面积和材料许用应力，检验强度条件是否满足。

（2）截面设计：

已知杆件所受外力和材料许用应力，根据强度条件设计杆件横截面尺寸。

（3）确定许用荷载：

已知杆件横截面面积和材料许用应力，根据强度条件确定杆件允许承担的最大荷载。

强度计算注意点：

（1）强度计算公式中 F_{Nmax} 要取绝对值。

（2）三种强度计算类型的共同特点是平衡条件与强度条件联用。

（3）利用强度条件对受压直杆进行计算，仅对较粗的直杆适用。而对于细长的受压杆件，承载能力主要取决于它的稳定性，此问题将在主教材第十四章介绍。

（4）应综合根据拉压杆的轴力图和其截面的削弱情况来判断危险截面，并对可能的危险截面逐一进行强度计算。

（5）根据既要保证安全又要节约材料的设计原则，在对杆进行强度校核时，还应注意一方面不使杆内的工作应力 σ_{max} 小于许用应力 $[\sigma]$ 太多，另一方面，在必要时也可允许工作应力 σ_{max} 稍大于 $[\sigma]$，但一般设计规范规定以不超过许用应力 $[\sigma]$ 的 5% 为限。

（6）截面设计时，为了施工方便，截面尺寸一般取整数；为了安全，所取整数要比以前的数稍大。

（7）确定许用荷载时，为了安全，荷载所取整数要比以前的数稍小。

（8）工程中对拉、压杆很少提出刚度要求，所以本章无杆件的刚度计算内容。

三、轴向拉压杆的变形计算

根据 $\Delta l = \dfrac{F_N l}{EA}$ 计算拉压杆的纵向变形。

在计算拉压杆纵向变形时，应注意以下几点：

（1）若拉压杆的轴力、横截面面积或弹性模量沿杆的轴线为分段常数，则应分段计算，然后叠加。

（2）计算中要考虑轴力 F_N 的正负号。若最终结果 Δl 为正，则表明杆件伸长；若 Δl 为负，则表明杆件缩短。

（3）拉压杆的变形，其纵向（轴向）变形较明显，横向（垂直杆轴方向）变形不明显，一般情况下，只讨论与计算纵向（轴向）变形。

【典型例题】

【例1】多力杆如图 2-6-1 所示。试用截面法求各杆指定截面的轴力，并画出各杆的轴力图。

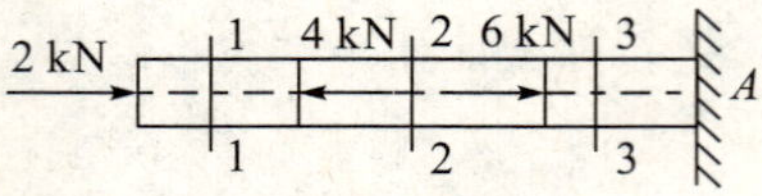

图 2-6-1

【解答】

1. 计算 A 端支座反力。由整体受力图建立平衡方程：

$$\sum F_x = 0, 2 - 4 + 6 - F_A = 0$$

$F_A = 4$ kN （←）

2. 分段计算轴力。

将杆件分为 3 段。用截面法取图示研究对象画受力图，如图 2-6-2（b）、（c）、（d）所示，列平衡方程分别求得：

$F_{N1} = -2$ kN （压），$F_{N2} = 2$ kN （拉），$F_{N3} = -4$ kN （压）

3. 画轴力图。根据所求轴力画出轴力图如图 2-6-2（e）所示。

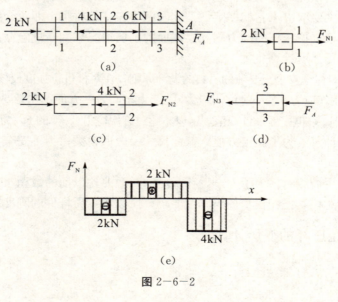

图 2-6-2

【例 2】 如图 2—6—3 (a) 所示钢板的厚度 $t=12$ mm，宽度 $b=100$ mm，铆钉孔的直径 $d=17$ mm，设轴向外力 $P=100$ kN，每个孔上承受的力为 $\dfrac{P}{4}$，$[\sigma]=170$ MPa，试校核其强度。

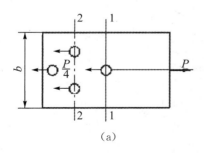

(a)

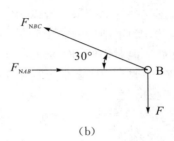

(b)

图 2—6—3

【解答】

1. 作板的轴力图如图 2—6—3 (b) 所示，可能的危险截面为 1—1 及 2—2。

2. 校核钢板的强度

1—1 截面：$\sigma_1=\dfrac{F_{N1}}{A_1}=\dfrac{P}{(b-d)\cdot t}=\dfrac{100\times10^3}{(100-17)\times12}=100$ (MPa) $<[\sigma]$

2—2 截面：$\sigma_2=\dfrac{F_{N2}}{A_2}=\dfrac{3p}{4t(b-2d)}=\dfrac{3\times100\times10^3}{4\times12\times(100-2\times17)}=94.7$ (MPa) $<[\sigma]$

故钢板的强度足够。

【例 3】 钢木构架如图 2—6—4 (a) 所示。BC 杆为钢制圆杆，AB 杆为木杆。木杆 AB 的横截面面积 $A_{AB}=10000$ mm²，长度 $L_{AB}=1.73$ m，允许应力 $[\sigma]_{AB}=7$ MPa；钢杆 BC 的横截面面积为 $A_{BC}=600$ mm²，长度 $L_{BC}=2.0$ m，容许应力 $[\sigma]_{BC}=160$ MPa。图中 $\alpha=30°$。

1. 若 $F=10$ kN，校核各杆的强度。

2. 求允许荷载 $[F]$。

3. 根据允许荷载，计算钢 BC 所需的直径。

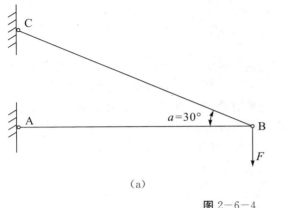

(a)

(b)

图 2—6—4

【解答】

1. 校核两杆强度。

为校核两杆强度，必须先知道两杆的应力，然后根据强度条件进行验算。而要计算杆内应力，须求出两杆的内力。由结点 B 的受力图 [如图 $2-6-4$ （b）] 所示，列出平衡方程：

$$\sum F_y = 0, \quad F_{NBC} \cdot \sin30° - F = 0$$

得 $F_{NBC} = 2F_P = 20$ kN（拉）

$$\sum F_x = 0, \quad F_{NAB} - F_{NBC} \cdot \cos30° = 0$$

得 $F_{NAB} = \sqrt{3}F = 1.73 \times 10 = 17.3$ （kN）（压）

所以两杆横截面上的正应力分别为

$$\sigma_{AB} = \frac{F_{NAO}}{A_{AB}} = \frac{1.73 \times 10^3}{10000 \times 10^{-6}} = 0.173 \times 10^6 \text{(Pa)}$$

$$= 1.73 \text{ MPa} < [\sigma]_{AB} = 7 \text{ MPa}$$

$$\sigma_{BC} = \frac{F_{NBC}}{A_{BC}} = \frac{20 \times 10^3}{600 \times 10^{-6}} = 33.3 \times 10^6 \text{(Pa)}$$

$$= 33.3 \text{ （MPa）} < [\sigma]_{BC} = 160 \text{ MPa}$$

根据上述计算可知，两杆内的正应力都远低于材料的允许应力，强度还没有充分发挥。因此，悬吊的重量还可以大大增加。那么 B 点处的荷载可加到多大呢？这个问题由下面解决。

2. 求允许荷载。

因为

$$[F_{NAB}] = [\sigma]_{AB} \times A_{AB} = 7 \times 10^6 \times 10000 \times 10^{-6} = 70000 \text{ （N）} = 70 \text{ （kN）}$$

$$[F_{NBC}] = [\sigma]_{BC} \times A_{BC} = 160 \times 10^6 \times 600 \times 10^{-6} = 96000 \text{ （N）} = 96 \text{ （kN）}$$

而由前面已知两杆内力与 F 之间分别存在着如下的关系：

因为 $F_{NAB} = \sqrt{3}F$

所以 $[F] = \dfrac{[F_{NAB}]}{\sqrt{3}} = \dfrac{70}{1.73} = 40.4 \text{(kN)}$

因为 $F_{NBC} = 2FP$

所以 $[F] = \dfrac{[F_{NBC}]}{2} = \dfrac{96}{2} = 48 \text{(kN)}$

根据这一计算结果，若以 BC 杆为准，取 $[F] = 48$ kN，则 AB 杆的强度就会不足。因此，为了结构的安全起见，取 $[F] = 40.4$ kN 为宜。这样，对木杆 AB 来说，恰到好处，但对钢杆 BC 来说，强度仍是有余的，钢杆 BC 的截面还可以减小。那么，钢杆 BC 的截面到底多少为宜呢？这个问题可由下面来解决。

3. 根据允许荷载 $[F] = 40.4$ kN，设计钢杆 BC 的直径。因为 $[F] = 40.4$ kN，所以 $F_{NBC} = 2F = 2 \times 40.4 = 80.8$ （kN）。根据强度条件

$$\sigma = \frac{F_{NBC}}{A_{BC}} \leqslant [\sigma]_{BC}$$

钢杆 BC 的横截面面积应为

$$A_{BC} \geqslant \frac{F_{NBC}}{[\sigma]_{BC}} = \frac{80.8 \times 10^3}{160 \times 10^6} = 5.05 \times 10^{-4} (\text{m}^2)$$

钢杆的直径应为

$$d_{BC} = \sqrt{\frac{4A_{BC}}{\pi}} = \sqrt{\frac{4 \times 5.05 \times 10^{-4}}{\pi}} = 2.54 \times 10^{-2} (\text{m}) = 25.4 (\text{mm})$$

【例 4】如图 2-6-5（a）所示等截面钢杆，已知 $E = 200$ MPa，$A = 300$ mm^2，$l = 100$ mm，求钢杆的总伸长量。

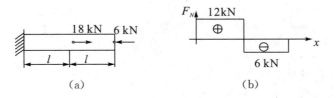

图 2-6-5

【解答】

1. 画杆件的轴力图，如图 2-6-5（b）所示。

$F_{N1} = 12$ kN

$F_{N2} = -6$ kN

2. 求杆件的变形：

$$\Delta l = \frac{F_{N1} \cdot l}{EA} + \frac{F_{N2} \cdot l}{EA}$$

$$= \frac{l}{E}(\frac{F_{N1}}{A} + \frac{F_{N2}}{A})$$

$$= \frac{100}{200 \times 10^3} \times (\frac{12 \times 10^3}{300} - \frac{6 \times 10^3}{300})$$

$$= 1.0 \times 10^{-2} \ (\text{mm})$$

$$= 0.01 \ (\text{mm})$$

第七章　剪切与扭转

【教学目标】

1. 掌握剪力和挤压力的概念。
2. 掌握切应力的计算。
3. 会用实用计算法对连接件进行强度计算。
4. 了解切应力互等定理。
5. 了解圆轴扭转变形的特点与刚度计算。
6. 会用截面法计算扭矩。
7. 掌握扭矩图绘制方法。
8. 掌握圆轴扭转横截面上应力分布规律。
9. 掌握圆轴扭转的强度计算。

【解题方法】

本章习题的主要类型有下列七种。

一、连接件的剪切强度计算

根据式 $\tau = \dfrac{F_Q}{A} \leqslant [\tau]$ 进行连接件的剪切强度计算。

注意点：

（1）剪切面是构件发生错动的面，可能是平面亦可能是曲面，解题时要据此作出正确判断。

（2）剪力 F_Q 是剪切面上的内力，依据截面法计算。

二、连接件的挤压强度计算

根据式 $\sigma_c = \dfrac{F_c}{A_c} \leqslant [\sigma_c]$ 进行连接件的挤压强度计算。

注意点：

（1）挤压面是连接件与被连接构件之间传递压力的相互接触面，可能是平面亦可能是曲面，解题时要据此作出正确判断。

（2）式 $\sigma_c = \dfrac{F_c}{A_c} \leqslant [\sigma_c]$ 中的 A_c 为挤压面的计算面积，即为实际挤压面在垂直于挤压力的平面上投影的面积。

（3）挤压力不是内力。

三、被连接构件的拉伸强度计算

根据式 $\sigma_{max} = \dfrac{F_{Nmax}}{A} \leqslant [\sigma]$ 进行被连接构件的拉伸强度计算。

在对被连接构件进行拉伸强度计算时，应综合根据被连接构件的轴力图和其截面的削弱情况来判断危险截面，并对可能的每一个危险截面进行强度计算。

四、外力偶矩的计算

$$m = 7024 \times \frac{P_p}{n} \text{ N} \cdot \text{m}$$

P_p 指轴所传递的功率（马力）；

n 指轴的转速（转/分、r/min）。

$$m = 9549 \times \frac{P_{kW}}{n} \text{N} \cdot \text{m}$$

P_{kW} 指轴所传递的功率（千瓦、kW）。

注：公制马力，符号为 PS，1 马力等于 735.499 W；英制马力，符号为 HP，1 马力等于 745.7 W。

五、画圆轴的扭矩图

方法一（基本方法）的步骤：

（1）求支座反力。

（2）分段计算扭矩。

（3）用描点法绘扭矩图。

方法二（简便方法）的步骤：

（1）画基线。

（2）从基线的左端点开始遇集中力偶画竖线〔规定：力偶往里转向上画竖线，反之向下画竖线（简记为里上外下），竖线长度等于外力偶矩大小〕，无力偶作用杆段画水平线。

（3）基线上方的图标上正号，下方的图标上负号，旁边标出图名及单位。

注意点：

（1）与二力杆类似，将受两个外力偶作用而处于平衡状态的轴称为二力偶轴，二力偶轴上两外力偶作用面之间各横截面上的扭矩相等。

（2）本章固定端支座只有作用面与杆轴线垂直的一个反力偶。

（3）多力偶轴求扭矩的分段原则：两个相邻外力偶作用面之间为一段。

（4）求扭矩的简便方法：

杆件任意截面的扭矩 T 等于截面一侧（左或右、上或下）杆上所有外力偶矩的代数和。以右手握杆，四指指向力偶矩的转向，大拇指背离所求内力的截面的力偶矩取正，反之取负。

六、扭转圆轴的强度计算

根据式 $\tau_{max} = \dfrac{T_{max}}{W_p} \leqslant [\tau]$，可解决工程中扭转圆轴强度计算的三类问题。

（1）校核强度。
已知圆轴所受外力偶矩、横截面尺寸和材料的许用扭转切应力，检验强度条件是否满足。

（2）设计截面。
已知圆轴所受外力偶矩和材料的许用扭转切应力，根据强度条件设计圆轴横截面尺寸。

（3）确定许用荷载。
已知圆轴横截面尺寸和材料的许用扭转切应力，根据强度条件确定圆轴允许承受的外力偶矩。

注意点：
（1）强度计算公式中 T_{max} 取绝对值。
（2）三种强度计算类型的共同特点是平衡条件与强度条件联用。
（3）应综合根据圆轴扭矩图和截面尺寸变化来判断危险截面，并对可能的危险截面逐一进行强度计算。
（4）根据既要保证安全又要节约材料的设计原则，在对圆轴进行强度校核时，应注意一方面不使杆内的工作应力 τ_{max} 小于许用应力 $[\tau]$ 太多，另一方面，在必要时也可允许工作应力 τ_{max} 稍大于 $[\tau]$，但一般设计规范规定以不超过许用应力 $[\tau]$ 的 5% 为限。
（5）截面设计时，为了施工方便，截面尺寸一般取整数；为了安全，所取整数要比以前的数稍大。
（6）确定许用荷载时，为了安全，荷载所取整数要比以前的数稍小。

七、圆轴扭转的刚度计算（了解）

根据式 $\theta_{max} = \dfrac{T}{GI_p} \times \dfrac{180}{\pi} \leqslant [\theta]$，可解决工程中扭转圆轴刚度计算的三类问题。

（1）校核刚度。
已知扭转圆轴所受的外力偶矩、横截面尺寸和许用单位长度扭转角，检验刚度条件是否满足。

（2）设计截面。
已知圆轴所受外力偶矩和许用单位长度扭转角，根据刚度条件设计圆轴横截面尺寸。

（3）确定许用荷载。

已知圆轴横截面尺寸和许用单位长度扭转角，根据刚度条件确定圆轴允许承受的外力偶矩。

注意点：

（1）扭转圆轴刚度计算时应注意的事项与其强度计算时所要注意的事项类似，另外，还特别注意，实际单位长度扭转角的单位要与许用单位长度扭转角的单位统一。

（2）对圆轴进行强度与刚度计算时，一般先用强度条件计算截面尺寸与许用荷载，然后用刚度条件校核。

【典型例题】

【例1】如图 2-7-1 所示，剪床需用裁剪刀切断 $d=12$mm 棒料，已知棒料的抗剪强度 $[\tau]=320$ MPa，试求裁剪刀的切断力 F。

【解答】

1. 用截面法求螺栓内力：

剪力 $F_Q=F$

2. 由抗剪强度

$$\tau=\frac{F_Q}{A}=\frac{F}{\pi d^2/4}\leqslant[\tau] 得$$

$$F\geqslant\frac{\pi d^2[\tau]}{4}=\frac{\pi\times12^2\times320}{4}=36.2\times10^3(\mathrm{N})=36.2(\mathrm{kN})$$

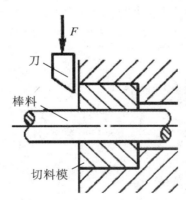

图 2-7-1

【例2】如图 2-7-2 所示铆钉接头，已知钢板的厚度 $t=10$ mm，铆钉的直径 $d=18$ mm，铆钉与钢板的许用切应力 $[\tau]=100$ MPa，许用挤压应力 $[\sigma_c]=300$ MPa，$F=24$ kN，试校核铆钉接头强度。

【解答】

1. 确定铆钉接头的剪力和挤压力：

剪力 $F_Q=F=24$ kN　　剪切面 $A=\pi d^2/4$

挤压力 $F_c=F=24$ kN　　挤压面 $A_c=dt$

2. 强度计算:

$$\tau = \frac{F_Q}{A} = \frac{F}{\pi d^2/4} = \frac{4 \times 24 \times 10^3}{\pi \times 18^2} = 94.3 \text{ (MPa)} < [\tau] = 100 \text{ MPa}$$

$$\sigma_c = \frac{F_c}{A_c} = \frac{F}{d \cdot t} = \frac{24 \times 10^3}{18 \times 10} = 133.3 \text{ (MPa)} < [\sigma_c] = 300 \text{ MPa}$$

所以,铆钉接头的强度满足。

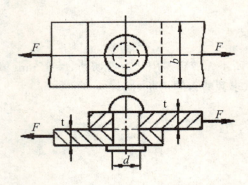

图 2-7-2

【例 3】 如图 2-7-3 (a) 所示为转速 $n = 1500$ r/min 的传动轴,从主动轮输入功率 $N_1 = 50$ P,又从动轮输出功率 $N_2 = 30$ P,$N_3 = 20$ P。试求轴上各段的扭矩,并绘制扭矩图。

【解答】

1. 计算外力偶矩:

输入 $m_1 = 7024 \dfrac{N_1}{n} = 7024 \times \dfrac{50}{1500} = 234 \text{(N} \cdot \text{m)}$

输出 $m_2 = 7024 \dfrac{N_2}{n} = 7024 \times \dfrac{30}{1500} = 140 \text{(N} \cdot \text{m)}$

$m_3 = 7024 \dfrac{N_3}{n} = 7024 \times \dfrac{20}{1500} = 94 \text{(N} \cdot \text{m)}$

2. 计算各段扭矩:

AB 段〔如图 2-7-3 (b) 所示〕 $T_1 = m_1 = 234 \text{ N} \cdot \text{m}$

BC 段〔如图 2-7-3 (c) 所示〕 $T_2 = m_1 - m_2 = 94 \text{ N} \cdot \text{m}$

3. 绘制扭矩图:

按比例绘出各段扭矩如图 2-7-3 (d) 所示。扭矩最大的截面积(即危险截面)在轮 1、2 之间,最大扭矩 $T_{max} = 234 \text{ N} \cdot \text{m}$。

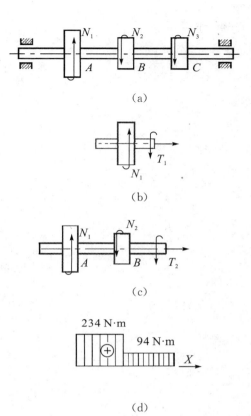

（a）

（b）

（c）

234 N·m

94 N·m

X

（d）

图 2-7-3

【例 4】实心轴和空心轴通过牙嵌离合器连在一起，如图 2-7-4 所示。已知：轴的转速 $n=100$ r/min，传递功率 $N=10$ kW，许用切应力 $[\tau]=80$ MPa。试确定实心轴的直径 d 和空心轴的内径 d_1 与外径 d_2，若 $d_1/d_2=0.6$。

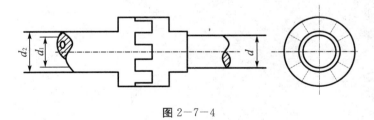

图 2-7-4

【解答】

1. 计算扭矩：

$$T=m=9549\times\frac{10}{100}=954.9 \ (\text{N}\cdot\text{m})$$

2. 按强度条件计算实心轴的直径 d：

$$d\geqslant\sqrt[3]{\frac{16T}{\pi[\tau]}}=\times\sqrt[3]{\frac{16\times954.9\times10^3}{\pi\times80}}=39.3(\text{mm})$$

取整数 $d=40$ mm。

3. 按强度条件计算空心轴的直径：

外径：

$$d_2 = \sqrt[3]{\frac{16T}{\pi(1-a^4)[\tau]}} = \sqrt[3]{\frac{16 \times 954.9 \times 10^3}{\pi \times (1-0.6^4) \times 80}} = 41.2 (\text{mm})$$

内径：

$d_1 = 0.6d_2 = 0.6 \times 41.2 = 24.7$ （mm）

取整数 $d_1 = 25$ mm，$d_2 = 42$ mm。

第八章 平面图形的几何性质

【教学目标】

1. 了解平面图形对轴的静矩、惯性矩、惯性半径和惯性积等概念的定义及计算公式、单位、正负情况等。记住圆形和矩形的形心主惯矩的计算公式。

2. 明确形心主轴和形心主惯矩的概念。

3. 掌握平行移轴公式，并能熟练地应用它计算组合图形的形心主惯矩。

4. 学会使用型钢表。

【解题方法】

本章主要任务是进行常见简单图形的惯性矩与静矩的计算。

计算方法与公式：

矩形 $I_z = \dfrac{bh^3}{12}$，$I_y = \dfrac{hb^3}{12}$

圆形 $I_z = I_y = \dfrac{\pi D^4}{64}$

圆环形 $I_z = I_y = \dfrac{\pi}{64}(D^4 - d^4)$

型钢的惯性矩直接由型钢表查得，见主教材附录。

注意点：

(1) 平面图形的几何性质是纯粹的几何问题，与研究对象的力学性质无关，但它是杆件强度、刚度计算中不可缺少的几何参数。

(2) 如果截面对某一轴的静矩等于零，则该轴必过截面的形心；反之，截面对于通过形心的轴的静矩必等于零。

(3) 如有一根坐标轴是截面的对称轴，则截面对这对轴的惯性积必为零（反之不然）。

(4) 图形对坐标原点的极惯矩等于对过坐标原点同一平面内任意一对相互垂直轴的惯性矩之和。

(5) 本章平面图形形心坐标公式涉及空间力系的有关概念与定理（了解）。

①力在垂直于该轴的平面上的投影对该轴与该平面交点之矩，称为力对轴的矩。

②力对轴的合力矩定理：空间力系的合力对某一轴的矩等于力系中各力对同一轴的

矩的代数和

$$M_z \ (F_R) \ = M_z \ (F_1) \ + M_z \ (F_2) \ + \cdots + M_z \ (F_n)$$

【典型例题】

【例 1】惯性矩的计算应注意哪些问题?

【解答】惯性的计算应注意下面两点:

1. 惯性矩不仅与截面大小和形状有关,而且与坐标轴的位置有关,因此提到惯性矩,必须明确是对哪一轴的惯性矩。图形的最小惯性矩是相对形心轴的形心惯性矩(严格讲应是主形心惯性矩之一)。

2. 平行移轴公式不能直接用于不通过截面形心的两平行轴。

【例 2】图 2−8−1 所示截面由两根 NO20 槽钢组成。若是截面对两形心轴的惯性矩相等,a 应为多少?

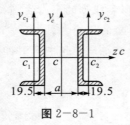

图 2−8−1

【解答】

1. 组合截面有两根对称轴,形心 c 在两对称轴的交点处。由型钢表查得,两槽钢形心 c_1、c_2 到腹板边缘距离为 1.95 cm,槽钢面积 $A_1 = A_2 = 32.837 \ cm^2$,槽钢对各自形心轴的惯性矩为

$$I_{zc_1} = I_{zc_2} = 1910 \ cm^4 \qquad\qquad I_{yc_1} = I_{yc_2} = 144 \ cm^4$$

2. 求 a 大小

因轴 z_c 与槽钢形心轴 z_{c_1} 和 z_{c_2} 重合,所以截面对 z_c 轴的惯性矩 I_{zc} 就等于两槽钢分别对 z_{c_1} 和 z_{c_2} 轴的惯性矩之和:

$$I_{zc} = I_{zc_1} + I_{zc_2} = 19.10 \times 10^6 + 19.10 \times 10^6 = 38.2 \times 10^6 \ (mm^4)$$

y_c 轴与槽钢形心轴 y_{c_1} 和 y_{c_2} 平行,两轴之间距离为

$$\overline{cc_1} = \overline{cc_2} = \frac{a}{2} + 19.5$$

根据平行移轴公式知

$$I_{yc} = \left[1.44 \times 10^6 + \left(\frac{a}{2} + 19.5 \right)^2 \times 3.2837 \times 10^3 \right] \times 2$$

$$= 2.88 \times 10^6 + \left(\frac{a}{2} + 19.5 \right)^2 \times 6.567 \times 10^3$$

由题意 $I_{yc} = I_{zc}$

$$\left(\frac{a}{2} + 19.5 \right)^2 = \frac{38.2 \times 10^6 - 2.88 \times 10^6}{6.567 \times 10^3}$$

$$a = 108 \ mm$$

【例 3】求如图 2−8−2 所示截面对 x 轴的惯性矩。

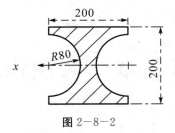

图 2−8−2

【解答】图示截面可看作是矩形截面在左右各方挖去两个半圆构成。因此，图示截面对 x 轴的惯性矩等于矩形对 x 轴的惯性矩减去两个半圆即整圆对 x 轴的惯性矩。即

$$I_x = I_{x矩} - I_{x圆} = \frac{bh^3}{12} - \frac{\pi d^4}{64} = \frac{200 \times 200^3}{12} - \frac{\pi \times 160^4}{64} = 10110 \times 10^4 \,(\mathrm{mm}^4)$$

第九章 弯曲内力

【教学目标】

1. 掌握弯曲变形与平面弯曲等基本概念。
2. 熟练掌握用截面法求弯曲内力。
3. 熟练列出剪力方程和弯矩方程并绘制剪力图和弯矩图。
4. 利用荷载集度、剪力和弯矩间的微分关系绘制剪力图和弯矩图。
5. 掌握叠加法绘制剪力图和弯矩图。
6. 了解快速法绘制剪力图和弯矩图。

【解题方法】

本章习题主要有下列两种类型。

一、求指定截面上的剪力和弯矩

（1）方法一（基本方法）。

解题步骤：

①计算梁的支座反力。

②在指定截面处将梁截开，任取一段为研究对象，并作其受力图。

③由平衡方程求出剪力 F_Q。与弯矩 M。

注意点：

①悬臂梁可以不用求反力。

②在画梁段的受力图时，应假设横截面上的剪力、弯矩均为正。这样，计算结果的正负号即为剪力、弯矩的真实正负号。

③求梁指定截面上剪力和弯矩，一般用与外力平行的坐标轴为投影轴，建立投影式平衡方程求剪力，以指定截面的形心为矩心建立力矩式平衡方程求弯矩。若用二矩形式的平衡方程，则要联解方程组。

④本章固定端支座有三个反力。

（2）方法二（简便方法）。

①剪力等于截面一侧梁段上与截面平行的所有外力的代数和。若外力使所选取的研究对象绕所求截面形心产生顺时针方向转动趋势时，该项外力取正号；反之，取负号。

此规律记为"顺转外力正"。

②弯矩等于截面一侧梁段上所有外力对该截面形心的力矩代数和。若外力或外力偶使所考虑的梁段产生下凸变形（即上部受压，下部受拉）时，该项外力的力矩或外力偶的力偶矩取正号；反之，取负号。此规律可记为"下凸外力的力矩或外力偶的力偶矩正"。

注意点：

①简便方法中所指外力，既包含外荷载，又包含支座反力。因此，在用简便方法计算剪力、弯矩之前，一定要首先求出支座反力。

②在用简便方法求剪力、弯矩时，不必将梁截开后作受力图，也无须列平衡方程，可以大大简化计算过程。

③依据小变形假设，本章在计算力矩时用杆件原始尺寸。

④用简便方法计算剪力时，若外力作用线与梁轴线不垂直，则依据力的平行四边形法则，将其分解成一对垂直分力（其中一个分力垂直于梁轴线）。

二、绘制剪力图和弯矩图

（1）根据剪力方程和弯矩方程绘制剪力图和弯矩图（基本方法——列方程法）。

解题步骤：

①计算梁的支座反力。

②根据梁上的外力情况，分段建立梁的剪力方程和弯矩方程。

③根据剪力方程和弯矩方程所表示的图形以及控制截面的剪力和弯矩的数值，用描点法绘出相应的剪力图和弯矩图（水平线一个值，斜直线两个值，曲线三个值），并标出控制值、正负号、单位与图名。

④确定最大剪力和最大弯矩。

注意点：

①在建立梁的剪力方程和弯矩方程时，应首先在图中标出沿梁轴线表示横截面位置的坐标 x。通常以梁的左端为坐标 x 的原点，以向右为坐标 x 的正方向。

②在建立梁的剪力方程和弯矩方程时，既可以用截面法，也可以用简便方法。

③在画剪力图时，规定以 x 轴的上侧为正。

④在画弯矩图时，规定以 x 轴的下侧为正，即将弯矩图画在梁的受拉一侧。

⑤剪力图和弯矩图中的分段点、极值点、转折点等特殊点的剪力值和弯矩值必须标示在图中的相应位置。

⑥分段原则为：集中力、集中力偶的作用点及均布荷载起止点都应作为分段点（这些点对应的截面及剪力为零的截面通常称为控制截面，这些截面上的内力称为控制值），两个相邻分段点之间为一段。

（2）根据剪力图和弯矩图规律绘制剪力图和弯矩图（简捷法）。

解题步骤：

①计算支座反力。

②根据梁上外力及支承等情况将梁分成若干段。

③根据各段梁上的荷载情况,利用规律1、2确定F_Q图和M图的形状。

④求出若干控制截面上的F_Q值和M值,确定各段梁F_Q图和M图的位置。

⑤用描点法逐段绘出梁的F_Q图和M图,最后用规律3、4与5进行校核。

注意点:

①若某段梁的剪力图或弯矩图为平行于梁轴线的水平直线,则只需要1个控制点即可作图,此时可取该段梁的任一截面为控制截面;若某段梁的剪力图或弯矩图为斜直线,则作图需要2个控制点,此时一般应选取该段梁的两个端为控制截面;若某段梁的剪力图或弯矩图为抛物线,则至少需要3个控制点才能作图,此时一般应选取该段梁的两个端面和极值(或该段梁中间)所在截面为控制截面。

②在计算控制截面上的剪力和弯矩时,为了提高速度,一般应采用简便方法。

③在各段梁的交界处,应特别注意剪力图或弯矩图是否有突变。如果没有突变,则图线一定连续。

④在悬臂梁的自由端面以及铰链所在截面,如果没有集中外力偶作用,则其弯矩一定为零。如果有集中外力偶作用,则其弯矩绝对值等于外力偶矩。

(3)叠加法绘制梁的弯矩图。

解题步骤:

①将复杂荷载分解成几个简单荷载。

②作出梁在每一个简单荷载作用下的弯矩图(查教材表9—1)。

③在梁上每一控制截面处,将各简单荷载弯矩图相应的纵坐标代数相加,就得到梁在原荷载作用下的弯矩图。

注意点:

①剪力图本身较简单,一般不用此法。

②该法的关键是要记住单跨梁在简单荷载作用下的弯矩图。

(4)用$F_Q(x)$、$M(x)$与$q(x)$之间的微积分关系绘制剪力图和弯矩图(快速法)。

①剪力图的画法(从左往右画)。

A. 遇集中荷载,按荷载的指向画竖直线(线长等于集中荷载大小)。

B. 遇均布荷载,按均布荷载箭头指向画斜直线,斜线上升或下降的铅直高度等于均布荷载图的面积。

C. 遇集中力偶,因力偶对剪力图无影响,故不考虑。

D. 无荷载作用的梁段,画水平线。

注:由以上方法画出的轮廓线与基线所围图形加上正负号,即得梁的剪力图。

②弯矩图的画法(从左往右画)。

A. 若梁段上剪力图为位于基线上方的水平直线,则画一条下斜直线,下斜直线下降的铅直高度等于该段剪力图的面积。

B. 若梁段上剪力图为位于基线下方的水平直线,则画一条上斜直线,上斜直线上升的铅直高度等于该段剪力图的面积。

C. 若梁段上剪力图为位于基线上方的斜直线,则画一条下降曲线,曲线的凸向与荷载集度指向一致，曲线下降的铅直高度等于该梁段剪力图的面积。

D. 若梁段上剪力图为位于基线下方的斜直线，则画一条上升曲线，曲线的凸向与荷载集度指向一致，曲线上升的铅直高度等于该梁段剪力图的面积。

E. 若遇集中力偶作用截面，力偶顺时针转时，则向下画铅直线，力偶逆时针转时，则向上画铅直线，铅直线的长度等于该集中力偶的力偶矩。

注：由以上方法画得的轮廓线与基线所围图形加上正负号，即得梁的弯矩图（弯矩图可不标正负号）。

【典型例题】

【例1】试用基本方法求如图 2−9−1（a）所示简支梁 1−1、2−2、3−3 及 4−4 各截面上的内力分量：1−1、2−2 是无极限接近于集中力 p 的截面，而 3−3、4−4 是无极限接近于集中力偶 M 的截面。已知 $p=30$ kN，$M=60$ kN·m，分布荷载 $q=10$ kN/m，$a=2$ m。

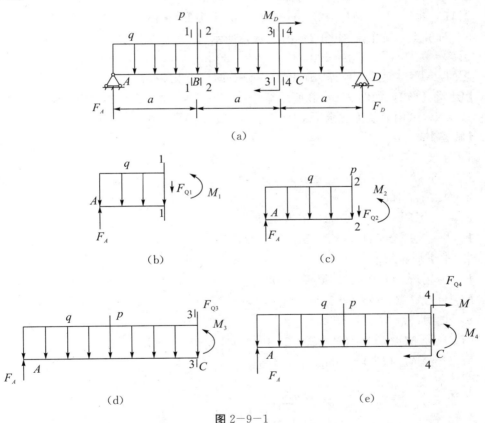

图 2−9−1

【解答】

1. 首先求支座反力 F_A 及 F_D：

$$\sum M_D=0 \qquad F_A=\frac{2pa+\frac{9}{2}qa^2-M}{3a}=40 \text{ kN}$$

$$\sum M_A = 0 \qquad F_D = \frac{pa + \dfrac{9}{2}qa^2 + M}{3a} = 50 \text{ kN}$$

2. 用 1－1 截面将梁截开，取左段为分离体画受力图〔如图 2－9－1（b）所示〕。
由平衡条件可知：

$$\sum F_y = 0 \qquad F_{Q1} = F_A - qa = 20 \text{ kN}$$

$$\sum M_B = 0 \qquad M_1 = F_A a - \frac{q}{2}a^2 = 60 \text{ kN} \cdot \text{m}$$

3. 对于 2－2 截面〔如图 2－9－1（c）所示〕：

$$\sum F_y = 0 \qquad F_{Q2} = F_A - qa - p = -10 \text{ kN}$$

$$\sum M_B = 0 \qquad M_2 = F_A a - \frac{q}{2}a^2 = 60 \text{ kN} \cdot \text{m}$$

4. 对于 3－3 截面〔如图 2－9－1（d）所示〕：

$$\sum F_y = 0 \qquad F_{Q3} = F_A - 2qa - p = -30 \text{ kN}$$

$$\sum M_C = 0 \qquad M_3 = 2F_A a - 2qa^2 - pa = 20 \text{ kN} \cdot \text{m}$$

5. 对于 4－4 截面〔如图 2－9－1（e）所示〕：

$$\sum F_y = 0 \qquad F_{Q4} = F_A - 2qa - p = -30 \text{ kN}$$

$$\sum M_C = 0 \qquad M_4 = 2F_A a - 2qa^2 - pa + M = 80 \text{ kN} \cdot \text{m}$$

【例 2】已知：如图 2－9－2 所示梁中，$q = 6$ kN/m，$M = 28$ kN·m，$F_1 = 20$ kN，$F_2 = 10$ kN。试用简便方法求 $F_{QC}{}^L$、$F_{QC}{}^R$、F_{QD}、M_D、$M_E{}^L$、$M_E{}^R$。

【解答】

1. 求支座反力：

$F_{Ay} = 34$ kN　（↑）$F_{By} = 20$ kN　（↑）

2. 求 $F_{QC}{}^L$、$F_{QC}{}^R$：

$F_{QC}{}^L = \sum F^L = (34 - 6 \times 2)$ kN = 22 kN

$F_{QC}{}^R = \sum F^L = (34 - 6 \times 2 - 20)$ kN = 2 kN

3. 求 F_{QD}、M_D：

$F_{QD} = \sum F^R = (10 - 20)$ kN = -10 kN

$M_D = \sum M_D(F^R) = (28 + 20 \times 4 - 10 \times 6)$ kN·m = 48 kN·m

4. 求 $M_E{}^L$、$M_E{}^R$：

$M_E{}^L = \sum M_E(F^R) = (28 + 20 \times 2 - 10 \times 4)$ kN·m = 28 kN·m

$M_E{}^R = \sum M_E(F^R) = 20 \times 2 - 10 \times 4 = 0$

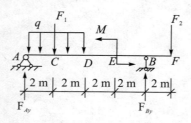

图 2－9－2

注意：在集中力作用处，应分别计算该处稍偏左及稍偏右截面上的剪力，而弯矩只需要计算该截面处的一个弯矩即可；在集中力偶作用处，应分别计算该处稍偏左及稍偏右截面上的弯矩，而剪力只需要计算该截面处的一个剪力即可。

【例 3】已知：如图 2－9－3（a）所示梁中，$q=2$ kN/m，$M=4$ kN·m，$F_1=10$ kN，$F_2=2$ kN。用捷法作该梁的剪力图、弯矩图。

【解答】

1. 求支座反力：

$F_{Ay}=7$ kN （↑） $F_{By}=9$ kN （↑）

2. 分段：

该梁可分成 AC、CD、DB、BE 四段。

3. 作图：

剪力图、弯矩图分别如图 2－9－3（b）、（c）所示。

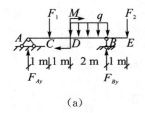

（a）

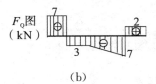

（b）

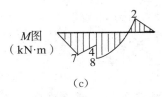

（c）

图 2－9－3

第十章 弯曲应力与强度计算

【教学目标】

1. 掌握梁弯曲时横截面正应力分布规律。
2. 掌握正应力的计算。
3. 了解横截面上切应力分布规律。
4. 掌握常见截面切应力计算。
5. 掌握梁的弯曲正应力强度条件。
6. 掌握梁切应力强度条件。
7. 会用强度条件进行相关计算。

【解题方法】

本章习题的主要类型是梁的强度计算。

一、基本步骤

（1）作梁的剪力图，确定最大剪力。
（2）作梁的弯矩图，确定最大弯矩。
（3）计算截面的几何性质。
①简单图形。
对矩形、圆形、圆环形等简单图形，截面的抗弯截面系数 W_z 直接用下列公式计算。

矩形 $W_z = \dfrac{bh^2}{6}$

圆形 $W_z = \dfrac{\pi D^3}{32}$

圆环形 $W_z = \dfrac{\pi D^3}{32}(1-\alpha^4)$，式中 $\alpha = \dfrac{d}{D}$。

②型钢。
对工字钢、槽钢、角钢等型钢截面的抗弯截面系数 W 可从主教材的附录（型钢表）中查得。
③组合图形。

组合图形的形心位置、截面对中性轴的惯性矩要应用第八章的知识进行具体计算。

（4）依据 $\sigma_{\max} = \dfrac{M_{\max}}{W_z} \leqslant [\sigma]$ 进行弯曲正应力强度计算。

（5）依据 $\tau_{\max} \leqslant [\tau]$ 进行弯曲切应力强度校核。

矩形截面梁 $\tau_{\max} = 1.5\dfrac{F_Q}{bh}$

工字形截面 $\tau_{\max} = \dfrac{F_Q S_{z\max}^*}{I_z b_1}$ 　　　$\tau_{\max} \approx \tau_{平均} = \dfrac{F_Q}{h_1 d}$

圆形截面 $\tau_{\max} = \dfrac{4}{3} \cdot \dfrac{F_Q}{A}$

圆环形截面 $\tau_{\max} = 2 \cdot \dfrac{F_Q}{A}$

二、注意点

（1）梁的强度计算通常的做法是，首先根据弯曲正应力进行强度计算，最后再对弯曲切应力进行强度校核。

（2）对于工程中常用的非薄壁截面的细长梁，弯曲正应力是主要的，而弯曲切应力是次要的。因此，在进行梁的强度计算时，只要正应力强度条件满足，切应力强度条件一般都能够满足，因此，不必进行切应力强度校核。

（3）以下几种特殊情况下，必须进行切应力强度校核：

①梁的跨度较小（即短梁）或在支座附近作用较大荷载时，梁内可能出现弯矩较小而剪力很大的情况。

②焊接或铆接的组合截面（例如工字形、槽形等）钢梁中，其横截面腹板部分的厚度与梁高之比小于型钢截面的相应比值，腹板内可能出现切应力较大的情况。

③对于木梁，由于在剪切弯曲时，最大切应力发生在中性轴上，根据切应力互等定理，中性层上将产生同样大小的切应力；而木材在其顺纹方向的抗剪强度较差，有可能因中性层上的切应力过大而使梁沿中性层发生剪切破坏，因此，需对木梁进行顺纹方向的切应力强度校核。

（4）若问题只需进行梁的弯曲正应力强度计算，则上述基本步骤中的（1）、（5）可以省略。

（5）与承受其他变形杆件的强度计算类似，梁的强度计算也包含强度校核、截面设计和确定许用荷载等三类问题。

（6）在对拉、压强度不同、截面关于中性轴又不对称的脆性材料梁进行弯曲正应力强度计算时，一般需同时考虑最大正弯矩和最大负弯矩所在的两个截面，只有当这两个截面上危险点处的正应力都满足强度条件时，整根梁才是安全的。

【典型例题】

【例1】如图 2—10—1 所示，矩形截面松木梁两端搁在墙上，承受由梁板传来的荷载作用。已知梁的间距 $a=1.2$ m，两墙的间距为 $l=5$ m，楼板承受面均布荷载，集度

为 $p=3$ kN/m^2，松木的弯曲许用应力 $[\sigma]=10$ MPa。试选择梁的截面尺寸。设 $\frac{h}{b}=1.5$。

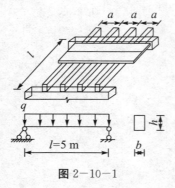

图 2−10−1

【解答】

1. 梁计算简图如图 2−10−1 所示，集度与最大弯矩为：

$$q = \frac{pal}{l} = pa = 3 \times 1.2 = 3.6 \ (\text{kN/m})$$

$$M_{max} = \frac{1}{8}ql^2 = \frac{1}{8} \times 3.6 \times 5^2 = 11.25 \ (\text{kN} \cdot \text{m})$$

2. 按正应力强度条件选择截面尺寸

$$h = 1.5b, \quad W_z = \frac{bh^2}{6} = \frac{b(1.5b)^2}{6} = 0.375b^3$$

$$\sigma_{max} = \frac{M_{max}}{W_z} = \frac{M_{max}}{0.375b^3} \leqslant [\sigma]$$

$$b \geqslant \sqrt[3]{\frac{M_{max}}{0.375[\sigma]}} = \sqrt[3]{\frac{11.25 \times 10^6}{0.375 \times 10}} = 144(\text{mm})$$

取 $b=150$ mm，$h=1.5b=225$ mm。

3. 该梁为木梁，须校核切应力强度。梁上最大剪力为：

$$F_{Qmax} = \frac{1}{2}ql = \frac{1}{2} \times 3.6 \times 5 = 9 \ (\text{kN})$$

矩形截面梁

$$\tau_{max} = \frac{3}{2}\frac{F_{Qmax}}{A} = \frac{3 \times 9 \times 10^3}{2 \times 150 \times 225} = 0.4(\text{MPa}) < [\tau]$$

4. 结论：剪切强度足够。故选定 $b=150$ mm，$h=225$ mm。

【例2】 如图 2−10−2（a）所示梁，材料为铸铁，已知 $[\sigma_t]=40$ MPa，$[\sigma_c]=120$ MPa，截面对中性轴的惯性矩 $I_z=10^3$ cm^4。试校核其正应力强度。

【解答】

1. 求支反力：

$$\text{由} \quad \begin{cases} \sum M_B = 0 \quad F_{Ay} = 1.5 \ \text{kN} \\ \sum M_A = 0 \quad F_{By} = 4.5 \ \text{kN} \end{cases}$$

2. 校核正应力强度：

绘出弯矩如图 2-10-2 (b) 所示。

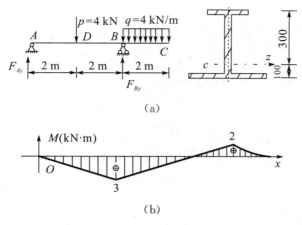

(a)

(b)

图 2-10-2

最大正弯矩在截面 D 上，$M_D=3$ kN·m。

最大负弯矩在截面 B 上，$M_B=-2$ kN·m。

在截面 D 上，最大拉应力发生于截面下边缘各点处

$$\sigma_{tmax} = \frac{M_D \times 100}{I_z} = \frac{3 \times 10^6 \times 100}{10^3 \times 10^4} = 30(MPa) < [\sigma_t]$$

最大压应力发生于截面上边缘各点处

$$\sigma_{cmax} = \frac{M_D \times 300}{I_z} = \frac{3 \times 10^6 \times 200}{10^3 \times 10^4} = 90(MPa) < [\sigma_c]$$

在截面 B 上：最大拉应力发生于截面上边缘各点处

$$\sigma_{tmax} = \frac{M_B \times 300}{I_z} = \frac{2 \times 10^6 \times 100}{10^3 \times 10^4} = 60(MPa) > [\sigma_t]$$

最大压应力发生于截面下边缘各点处

$$\sigma_{cmax} = \frac{100}{300}\sigma_{tmax} = \frac{100}{300} \times 60 = 20(MPa) < [\sigma_c]$$

3. 结论：此梁在 B 截面上，由于上边缘的最大拉应力 $\sigma_{tmax}=60$ MPa$>[\sigma_t]$，而引起强度不够。

【例 3】如图 2-10-3 所示简支梁，已知 $[\sigma]=160$ MPa，$[\tau]=100$ MPa，试选择适用的工字钢型号。

【解答】

1. 作梁的内力图（如图 2-10-3 所示）。

2. 按正应力强度选择工字钢型号：

$$W_z = \frac{M_{max}}{[\sigma]} = \frac{45 \times 10^3}{160 \times 10^6} = 281 \times 10^{-6} m^3 = 281 cm^3$$

查表：$W_x = 309$ cm^3，即选用 22aI 字钢

3. 切应力强度校核：

查 $I_x : S_x$，得 $\dfrac{I_x}{S_x} = 18.9$ cm，$d = 7.5$ mm

由 F_Q 图知 $F_{Q\,max} = 210$，代入切应力强度条件：

$$\tau_{max} = \frac{210 \times 10^3}{18.9 \times 10^{-2} \times 7.5 \times 10^{-3}} = 148(\text{MPa}) > [\tau]$$

由此校核可见：τ_{max} 超过 $[\tau]$ 很多。应重新设计截面。

4. 按切应力强度选择 I 字钢型号：

现以 25b 工字钢进行试算。由表查处：

$$\frac{I_x}{S_x} = 21.3 \text{ cm}, \quad d = 10 \text{ mm}, \quad \tau_{max} = \frac{210 \times 10^3}{21.3 \times 10^{-2} \times 10 \times 10^{-3}} = 98.6 \ (\text{MPa}) < [\tau]$$

5. 结论：要同时满足正应力和切应力强度条件，应选用型号为 25b 的工字钢。

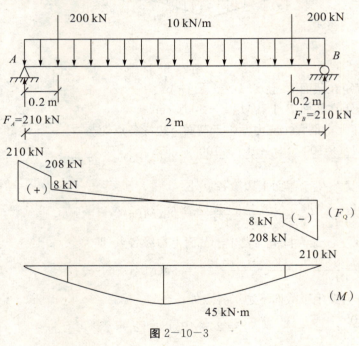

图 2－10－3

第十一章 弯曲变形与刚度计算

【教学目标】

1. 掌握叠加法求梁的变形。
2. 了解积分法求梁的变形。
3. 明确叠加原理的使用条件。
4. 掌握梁的刚度校核与提高梁刚度的措施。

【解题方法】

本章习题主要有下列三种类型。

一、用叠加法计算梁的弯曲变形

基本步骤：

（1）将实际复杂荷载分解为几个简单荷载的叠加。

（2）查主教材表 11-1，计算梁在每一种简单荷载单独作用下的变形。

（3）将梁在每一种简单荷载单独作用下的变形按代数值相加，得梁在实际复杂荷载作用下的变形。

注意点：

（1）叠加法的适用条件：小变形，材料服从胡克定律（即弹性变形），等直梁。

（2）在运用叠加法时，不但要考虑各梁段本身的变形所引起的位移，还应考虑相邻梁段的变形以及弹性支撑的变形所引起的该梁段的刚性位移。

（3）挠曲线近似微分方程之所以称"近似"微分方程，主要是略去了剪力和二阶微量的影响。

二、梁的刚度计算

梁的刚度计算同样包含了刚度校核、截面设计和确定许用荷载等三类问题，其基本步骤为：

（1）运用叠加法计算梁的最大挠度。

（2）根据式 $\frac{f_{\max}}{l} \leqslant \left[\frac{f}{l}\right]$ 进行梁的刚度计算。

三、用变形比较法求解简单超静定梁（了解）

基本步骤：

（1）解除多余约束，得到基本静定梁，并以相应的多余约束反力代替多余约束的作用，得到原超静定梁的相当系统。

（2）根据多余约束的性质，建立变形（位移）协调方程。

（3）计算相当系统在多余约束处的相应位移，建立变形协调方程。

（4）求出多余约束反力，即将超静定梁转化为了静定梁。

注意点：

（1）凡是在维持梁平衡的前提下可以去除的约束，都可视为多余约束。因此，多余约束的选取不是唯一的，即相当系统可以有不同的选择，在实际选择时应以简单为原则。

（2）多余约束选择的不同，其相应的变形协调条件也就不同，但不会影响最终结果的唯一性。

（3）求出多余约束反力后，梁上其余约束反力的计算及梁的弯矩图的绘制与静定梁相同。

【典型例题】

【例 1】求如图 2-11-1 所示简支梁 C 截面的挠度与 B 截面的转角。

【解答】

1. 查主教材表 11-1 得 C 截面的挠度：

$$W_C = \frac{Fl^3}{48EI} - \frac{Fl \cdot l^2}{16EI} = -\frac{Fl^3}{24EI}$$

2. 查主教材表 11-1 得 B 截面的转角：

$$\theta_B = -\frac{Fl^2}{16EI} + \frac{Fl \cdot l}{3EI} = \frac{13Fl^2}{48EI}$$

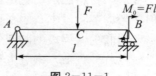

图 2-11-1

【例 2】工字钢简支梁如图 2-11-2 所示。已知 $q = 10$ kN/m，$l = 4$ m，$E = 200$ GPa，许用挠度 $[f/l] = 1/400$，试选取槽钢型号。

【解答】按刚度条件选择槽钢型号：

查主教材表 11-1 得最大挠度 $f_{max} = W_C = \dfrac{5ql^4}{384EI}$

由刚度条件 $\dfrac{f_{max}}{l} = \dfrac{5ql^4}{384EI \cdot l} \leqslant \left[\dfrac{f}{l}\right]$ 得

$$I \geqslant \frac{5ql^3}{384EI[f/l]} = \frac{5 \times 10 \times (4 \times 10^3)^3}{384 \times 200 \times 10^3 \times (1/400)} = 1666.6 \times 10^4 \text{ (mm}^4)$$

查型钢表选取 20a 工字钢（$I = 2370 \text{ cm}^4$）。

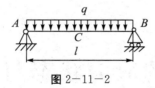

图 2-11-2

【例3】试求如图 2-11-3（a）所示超静定梁的支座反力，并画弯矩图，设 EI 为常数。

【解答】本题为一次超静定梁，故需建立一个补充方程。将支座 B 视为多余约束，将该支座解除，并在 B 点施加与所解除的约束相对应的支座反力 F_B，假设其方向向上。这样就得到了一个 F 和 F_B 共同作用下的静定悬臂梁如图 2-11-3（b）所示。该静定梁的变形情况应与原超静定梁的变形相同。根据原超静定梁的约束条件可知，此梁在 B 点的挠度应等于零，即 $W_B = 0$。则如图 2-11-3（b）所示的静定梁在荷载 F 和反力 F_B 共同作用下，B 点的挠度也应等于零，依据叠加法，B 点的挠度可写成：$W_B = W_B F + W_B F_B = 0$

由主教材表 11-1 可查得：$W_B F = \dfrac{5Fl^3}{48EI}$ 　　$W_B F = -\dfrac{Fl^3}{3EI}$

将此两式代入上式，得 $F_B = 5F$

依据荷载情况，画出该梁的弯矩图如图 2-11-3（c）所示。

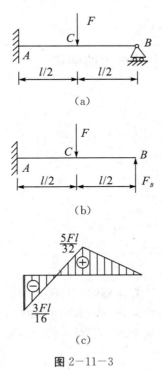

(a)

(b)

(c)

图 2-11-3

第十二章   梁的应力状态与强度理论简介

【教学目标】

1. 掌握应力状态与主应力的概念。
2. 了解材料的两种破坏形式。
3. 了解常用的四个强度理论的观点、破坏条件、强度条件。
5. 会用强度理论对一些简单的杆件结构进行强度计算。
6. 了解单元体任意斜截面上的应力与主应力的计算。
7. 理解梁的主应力迹线。

【解题方法】

本章习题主要有下述三种类型。

一、单元体任意斜截面上的应力的确定

解题步骤：

（1）从构件中截取单元体。

（2）计算单元体四侧面上的应力 σ_x、σ_y、τ_{xy}。

（3）根据公式

$$\sigma_a = \frac{\sigma_x + \sigma_y}{2} + \frac{\sigma_x - \sigma_y}{2}\cos 2\alpha - \tau_x \sin 2\alpha$$

$$\tau_a = \frac{\sigma_a - \sigma_y}{2}\sin 2\alpha + \tau_x \cos 2\alpha$$

确定单元体任意斜截面上的应力。

注意点：

（1）应力状态分析是以单元体为基础的，若题目中没有直接给出单元体，一定要首先从构件中截取单元体，并根据已学知识，求出单元体四侧面上的应力 σ_x σ_y、τ_{xy}。

（2）截取单元体的原则：一般来说，三对平行面的应力是可求的或给定的；通常截取的一对平行平面是横截面。

（3）在用解析法的公式计算时，要注意 σ_x、σ_y、τ_{xy}，的正负号以及斜截面方位角 α 的定义与正负号，其规定为：

①σ_x、σ_y，以拉应力为正，压应力为负。

②将 τ_{xy}，对单元体内任一点取矩，以顺时针转向为正、逆时针转向为负。

③α 为斜截面的外法线 n 与 x 轴之间的夹角，并以 x 轴为始边、外法线 n 为终边，α 角的转向为逆时针时为正，反之为负。

二、主应力和切应力极值的确定

该类型解题步骤与类型一基本相同：

依据公式 $\sigma_1 = \dfrac{\sigma_x + \sigma_y}{2} + \sqrt{\left(\dfrac{\sigma_x - \sigma_y}{2}\right)^2 + {\tau_x}^2}$

$$\sigma_2 = \frac{\sigma_x + \sigma_y}{2} - \sqrt{\left(\frac{\sigma_x - \sigma_y}{2}\right)^2 + {\tau_x}^2}$$

$$\tan 2\alpha_0 = -\frac{2\tau_x}{\sigma_x - \sigma_y}$$

$$\tau_{max} = \sqrt{\left(\frac{\sigma_x - \sigma_y}{2}\right)^2 + {\tau_x}^2}$$

$\tau_{min} = -\sqrt{\left(\dfrac{\sigma_x - \sigma_y}{2}\right)^2 + {\tau_x}^2}$ 进行计算。

注意点：主应力一定要根据其代数值大小，记作 $\sigma_1 \geqslant \sigma_2 \geqslant \sigma_3$。

三、强度理论的应用（了解）

解题步骤：

（1）对构件中的危险点进行应力状态分析，求出危险点的三个主应力。

（2）选择适当的强度理论进行强度计算。

注意点：

（1）解决复杂应力状态下的强度问题才需要使用强度理论，但强度理论本身对于任何一种应力状态都是适用的。

（2）一般情况下，脆性材料应选用第一或第二强度理论；塑性材料则应选用第三或第四强度理论。但需要指出，选择强度理论的根本依据应当是构件的强度失效类型。对于脆性断裂的强度失效形式，应该选用第一或第二强度理论；对于塑性屈服的强度失效形式，则须选用第三或第四强度理论。而构件究竟发生何种形式的强度失效，事实上不仅取决于材料，还与应力状态有关。例如，在三向拉伸应力状态下，即使是塑性材料，也将发生脆性断裂，故应采用第一强度理论；在三向压缩应力状态下，即使是脆性材料，也将发生塑性屈服，故应采用第三或第四强度理论。

（3）第一与第二强度理论均适用于脆性断裂的强度失效形式，但在以拉应力为主的场合，宜用第一强度理论；在以压应力为主的场合，宜用第二强度理论。

（4）第三与第四强度理论均适用于塑性屈服的强度失效形式，其中，第三强度理论偏于保守，第四强度理论更为精确。

【典型例题】

【例1】试绘出如图 2—12—1（a）所示构件 A 点处的原始单元体，表示其应力状态。

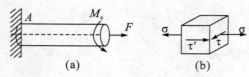

图 2—12—1

【解答】原始单元体及其应力状态如图 2—12—1（b）所示

【例2】已知 $\sigma_x = 60$ MPa，$\sigma_y = 0$，$\tau_x = 40$ MPa，求如图 2—12—2 所示单元体的主应力与最大切应力（应力单位：MPa）。

【解答】由主应力公式得

$$\sigma_{\min}^{\max} = \frac{\sigma_x + \sigma_y}{2} \pm \sqrt{\left(\frac{\sigma_x - \sigma_y}{2}\right)^2 + {\tau_x}^2}$$

$$= \frac{60 + 0}{2} \pm \sqrt{\left(\frac{60 - 0}{2}\right)^2 + 40^2}$$

$$= 30 \pm 50 \text{ MPa}$$

主应力 $\sigma_1 = 80$ MPa，$\sigma_2 = 0$，$\sigma_3 = -20$ MPa，

最大切应力 $\tau_{\max} = \dfrac{\sigma_1 - \sigma_3}{2} = \dfrac{80 - (-20)}{2} = 50$ MPa，

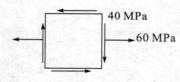

图 2—12—2

【例3】已知 $\sigma_x = 0$，$\sigma_y = 0$，$\tau_x = -80$ MPa，试求如图 2—12—3 所示 $\alpha = 45°$ 时的 $\sigma_\alpha, \tau_\alpha$ 值。

【解答】由 α 斜截面的应力公式得

$$\sigma_{45°} = \frac{\sigma_x + \sigma_y}{2} + \frac{\sigma_x - \sigma_y}{2} con2\alpha - \tau_x \sin 2\alpha$$

$$= \frac{0 + 0}{2} + \frac{0 - 0}{2} con90° - (-80)\sin 90° = 80 \text{ MPa}$$

$$\tau_{45°} = \frac{\sigma_x - \sigma_y}{2} \sin 2\alpha + \tau_x \cos 2\alpha$$

$$= \frac{0 - 0}{2} \sin 90° + (-80)\cos 90° = 0$$

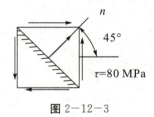

图 2—12—3

【**例 4**】某危险点的应力单元体如图 2—12—4 所示，$\sigma = \tau$，试按第三、第四强度理论分别建立强度条件。

【**解答**】

1. 图 2—12—4 所示应力状态的主应力

$$\sigma_1 = \frac{\sigma}{2} + \sqrt{\frac{\sigma^2}{2} + \tau^2} = \frac{1}{2}(\sigma + \sqrt{5\sigma}) \qquad \sigma_2 = 0$$

$$\sigma_3 = \frac{\sigma}{2} + \sqrt{\frac{\sigma^2}{2} + \tau^2} = \frac{1}{2}(\sigma \sqrt{5\sigma})$$

2. 强度条件。

$$\sigma_{r3} = \sigma_1 - \sigma_3 = 2 \cdot \sqrt{\frac{\sigma^2}{2} + \tau^2} = \sqrt{\sigma^2 + 4\tau^2} = \sqrt{5\sigma} \leqslant [\sigma]$$

$$\sigma_{r4} = \sqrt{\frac{1}{2}\left[(\sigma - \sigma_2)^2 + (\sigma_2 - \sigma_3)^2 + (\sigma_1 - \sigma_3)^2\right]}$$

$$= \sqrt{\sigma^2 + 3\tau^2} = 2\sigma \leqslant [\sigma]$$

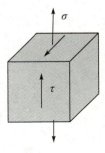

图 2—12—4

【**例 5**】有一铸铁制成的构件，其危险点处的应力状态如图 2—12—5 所示。材料的许用拉应力 $[\sigma_t] = 35$ MPa，许用压应力 $[\sigma_c] = 120$ MPa，试校核此构件的强度。

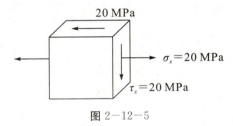

图 2—12—5

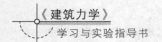

【解答】

1. 计算主应力

$$\sigma_{\min}^{\max} = \frac{\sigma_x}{2} \pm \sqrt{\left(\frac{\sigma_x}{2}\right)^2 + \tau_x{}^2} = \frac{10}{2} \pm \sqrt{\left(\frac{20}{2}\right)^2 + 20^2} = 10 \pm 22.4 = \genfrac{}{}{0pt}{}{32.4}{-12.4} \ (\text{MPa})$$

$\sigma_1 = 32.4\ \text{MPa},\ \sigma_2 = 0\ ,\ \sigma_3 = -12.4\ \text{MPa}$

2. 强度理论选用。

因为铸铁是脆性材料，所以采用第一强度理论校核

$\sigma_{r1} = \sigma_1 = 32.4\ \text{MPa} < [\sigma_t] = 35\ \text{MPa}$

3. 结论。

根据第一强度理论的计算结果可知该构件强度足够。

第十三章 组合变形简介

【教学目标】

1. 了解组合变形的概念。
2. 了解解决组合变形的方法步骤。
3. 掌握斜弯曲的概念及计算。
4. 掌握拉（压）弯组合变形的特点。
5. 掌握单向偏心拉（压）的计算。
6. 掌握截面核心的概念。

【解题方法】

本章习题主要有下列两种类型。

一、建立组合变形强度条件进行强度计算

解题步骤：

（1）分析外力，确定变形类型。

将荷载分解为若干组静力等效的简单荷载，使每组荷载只引起一种类型的基本变形。

（2）分析内力，确定危险截面。

分析在各种基本变形下杆件的内力并绘制内力图，确定危险截面及其上的内力。

（3）分析应力，确定危险点。

分析危险截面上各基本变形的应力分布，确定危险点。

（4）分析危险点的应力状态，确定主应力。

围绕危险点截取单元体，分析应力状态，确定其主应力。

（5）强度计算。

根据危险点的应力状态和杆件材料类型，选择适当的强度理论建立强度条件，进行强度计算。

注意点：

（1）外力简化主要有二种情况：外力作用线不过横截面形心的，就依据力的平移定理将该外力向形心平移；外力作用线不沿主轴的就依据力的，平行四边形法则将该外力

沿主轴分解。

（2）在组合变形强度计算时，一般不考虑弯曲切应力的影响。

（3）若危险点为单向应力状态或纯剪切应力状态，则可以直接建立强度条件，而无须借助强度理论。

二、根据现有的组合变形强度条件进行强度计算

解题步骤：

（1）分析简化荷载，确定组合变形类型。

（2）分析内力，作内力图，确定危险截面及其上内力。

（3）根据现有的组合变形强度条件，进行强度计算。

注意点：危险截面应综合根据内力分布与截面情况正确判定，若可能的危险截面有几个，则应逐一对每个可能的危险截面进行强度计算。

【典型例题】

【例1】若在如图 2-13-1（a）所示正方形横截面短柱的中间开一槽，使横截面积减少为原截面积的一半，如图 2-13-1（b）所示，试问开槽后的最大正应力为不开槽时最大正应力的几倍？

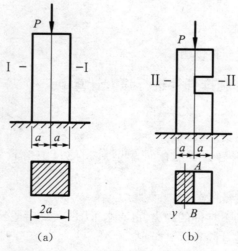

图 2-13-1

【解答】

1. 未开槽时的压应力

$$\sigma = \frac{F_N}{A} = -\frac{P}{(2a)^2} = -\frac{P}{4a^2}$$

2. 开槽后的最大压应力

$$\sigma_{max} = \frac{F_N}{A} + \frac{M_y}{W_y} = -\frac{P}{2a^2} - \frac{\dfrac{Pa}{2}}{\dfrac{2a \times a^2}{6}} = -\frac{2P}{a^2}$$

由应力分布规律知最大压应力发生在削弱后的截面的 AB 边上。

$$\frac{\sigma_{max}}{\sigma} = \left(\frac{2P}{a^2}\right) \Big/ \left(\frac{P}{4a^2}\right) = 8$$

即切槽时的最大正应力为不开槽正应力的 8 倍。计算此题时需注意，M_y 是对 y 轴的弯矩。它所产生的弯曲将使截面绕 y 轴转动，即 y 轴为中性轴，故抗弯截面模量应为 W_y。

【例 2】如图 2—13—2 所示为一桥墩，桥墩承受的荷载为：上部结构传给桥墩的压力 $P=1900$ kN，桥墩自重 $G=1800$ kN，列车的水平制动力 $Q=300$ kN。基础底面为矩形，试求基础底面 AD 边与 BC 边处的正应力。

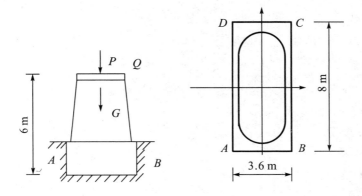

【解答】

1. 内力计算

$N = -(P+G) = -(1900+1800) = -3700$（kN）

$M_z = 6Q = 6×300 = 1800$（kN）

2. 应力计算

基础底面面积 $A = 8×3.6 = 28.8$（m²）

基底抗弯截面系数 $W_z = \dfrac{8×3.6^2}{6} = 17.3$（m³）

F_N、M_z 产生的压力（基底截面的）

$$\sigma F_N = \frac{N}{A} = \frac{-3700×10^3}{28.8×10^6} = -0.128(\text{MPa})$$

$$\sigma M_z = \pm\frac{M_z}{W_z} = \pm\frac{1800×10^6}{17.3×10^9} = \pm0.104(\text{MPa})$$

3. 基底截面上边边处的正应力

$\sigma_{AD} = -0.128-0.104 = -0.232$（MPa） $\sigma_{BC} = -0.128+0.104 = -0.024$（MPa）

【例 3】如图 2—13—3 所示，跨度为 $l=3$ m 的矩形截面木桁条，受均布荷载 $q=800$ N/m 作用，木桁条的许用应力 $[\sigma]=12$ MPa，试选择木桁条的截面尺寸。$\dfrac{h}{b}=1.5$。

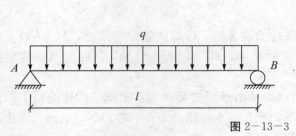
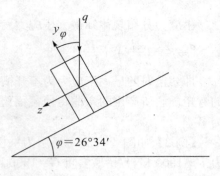

图 2-13-3

【解答】 1. 分解荷载

$q_y = q\cos\varphi = 800 \times \cos26°34' = 716.8(\text{N/m})$

$q_z = q\sin\varphi = 800 \times \sin26°34' = 355.2(\text{N/m})$

2. 求危险截面上的内力

$$M_{z\max} = \frac{q_y l^2}{8} = \frac{716.8 \times 3^2}{8} = 806.4(\text{N} \cdot \text{m})$$

$$M_{y\max} = \frac{q_z l^2}{8} = \frac{355.2 \times 3^2}{8} = 399.6(\text{N} \cdot \text{m})$$

3. 强度计算

$$\sigma_{\max} = \frac{M_{z\max}}{W_z} + \frac{M_{y\max}}{W_y} = \frac{806.4}{bh^2/6} + \frac{399.6}{hb^2/6} \leqslant 12 \times 10^6$$

解得 $\dfrac{7236}{3.75b^3} \leqslant 12 \times 10^6$, $\dfrac{7236}{3.75 \times 12 \times 10^6} \leqslant b^3$

$$\begin{cases} b = 5.44 \times 10^{-2} \ \text{m} \\ h = 1.5 \times 5.44 \times 10^{-2} = 8.16 \times 10^{-2}(\text{m}) \end{cases}$$

取 $b = 60$ mm，$h = 90$ mm

第十四章 压杆稳定简介

【教学目标】

1. 深入理解稳定性的概念。
2. 掌握压杆的临界力公式，掌握杆端约束对临界力的影响。
3. 了解压杆的分类。
4. 掌握压杆稳定性计算的方法。

【解题方法】

本章习题主要有下列两种类型。

一、计算压杆的临界力（临界应力）

解题步骤：

（1）根据压杆的几何尺寸和约束条件计算压杆的柔度 λ。

（2）根据压杆柔度 λ 确定压杆类型，选择相应计算公式。

（3）根据所选定的公式计算压杆的临界力（临界应力）。

注意点：

（1）在计算压杆临界力（临界应力）之前，一般必须首先计算压杆的柔度。因为只有根据柔度 λ 的大小才能判定压杆类型，从而选择正确的计算公式。

（2）若压杆沿各个方向的约束性质相同但截面惯性矩不同，则在计算中应取惯性矩（惯性半径）的最小值 $I_{\min}(i_{\min})$。

（3）若压杆沿各个方向的截面惯性矩相同但约束性质不同，则在计算中应选择约束最弱的方向，即取长度因数的最大值 $\mu_{\max}$。

（4）若压杆沿各个方向的截面惯性矩与约束性质均不相同，则应分别在所有可能的失稳方向上计算柔度，然后比较其大小，选择最大柔度 $\lambda_{\max}$ 来进行计算。

（5）压杆局部截面的削弱不会影响其整体的稳定性，故在计算压杆临界力（临界应力）时，应采用无削弱的正常截面的几何参数。

二、压杆的稳定计算

解题步骤：

(1) 计算压杆实际承受的轴向压力 F。

(2) 根据上述介绍的计算压杆临界力的方法和步骤，计算压杆的临界力 F_{cr}。

(3) 根据压杆的稳定条件，即 $n = \dfrac{F_{cr}}{F} \geq n_{st}$，进行压杆的稳定计算。

注意点：

(1) 对于等截面压杆，满足稳定条件就一定满足强度条件，因此，压杆设计的主要依据是稳定条件。

(2) 压杆局部截面的削弱不会影响其整体的稳定性，故在进行压杆稳定计算时，应采用无削弱的正常截面的几何参数。但此时，应补充在削弱截面处进行强度校核。

(3) 对于压杆稳定计算中的截面设计问题，因压杆的截面尺寸未知而无法计算柔度进而选择公式，故必须采用试算法，即先根据欧拉公式进行截面设计，然后再验证其是否满足欧拉公式的适用条件，如不满足，则再另取截面尺寸进行试算。

【典型例题】

【例1】压杆的压力一旦达到临界压力值，试问压杆是否就丧失了承受荷载的能力？

【解答】不是。压杆的压力达到其临界压力值，压杆开始丧失稳定，将在微弯形态下保持平衡，即丧失了在直线形态下平衡的稳定性。既能在微弯形态下保持平衡，说明压杆并不是完全丧失了承载能力，只能说压杆丧失了继续增大荷载的能力。但当压杆的压力达到临界压力后，若稍微增大荷载，压杆的弯曲挠度将趋于无限，而导致压溃，丧失了承载能力。且在杆系结构中，由于某一压杆达到临界压力，引起该杆弯曲。若再增大荷载，将引起结构各杆内力的重新分配，从而导致结构的损坏，而丧失其承载能力。因此，压杆的压力达到临界压力时，是其承受荷载的"极限"状态。

【例2】如何判别压杆在哪个平面内失稳？如图 2-14-1 所示截面形状的压杆，设两端为球铰，试问，失稳时其截面分别绕哪根轴转动？

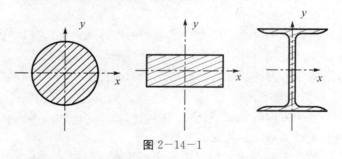

图 2-14-1

【解答】

1. 压杆总是在柔度大的纵向平面内失稳。

2. 因两端为球铰，各方向的 $\mu = 1$，由柔度知 $\lambda = \dfrac{\mu l}{i}$

（a）$i_x = i_y$，在任意方向都可能失稳。

（b）$i_x < i_y$ 失稳时截面将绕 x 轴转动。

（c）$i_x > i_y$，失稳时截面将绕 y 轴转动。

【**例 3**】 长度为 $l=3$ m 的压杆如图 $2-14-2$ 所示，压杆由 A3 钢制成，横截面有四种，面积均为 $A=3.2\times10^3$ mm^2。已知：$E=200$，$\sigma_s=235$，$\sigma_{cr}=304-1.12\lambda$，$\lambda_p=100$，$\lambda_s=61.4$。试计算图 $2-14-2$ 所示截面压杆的临界荷载。

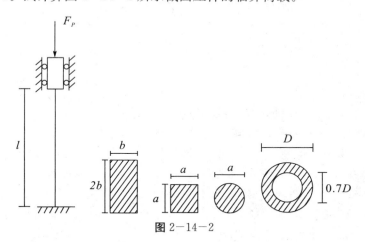

图 $2-14-2$

【**解答**】

1. 矩形截面：

因为 $A=b\cdot2b=3.2\times10^3$ 所以 $b=40$ mm

惯性半径 $i=\sqrt{\dfrac{I_{\min}}{A}}=\sqrt{\dfrac{\frac{2b\cdot b^3}{12}}{2b^2}}=11.55$ mm

压杆的柔度 $\lambda=\dfrac{\mu l}{i}=\dfrac{0.5\times3\times10^3}{11.55}=130>\lambda_p$

则 $F_{cr}=A\cdot\sigma_{cr}=A\cdot\dfrac{\pi^2 E}{\lambda^2}=\dfrac{3.2\times10^3\times\pi^2\times200\times10^3}{130^2}=375\text{(kN)}$

2. 正方形截面：

因为 $A=a^2=3.2\times10^3$ 所以 $a=56.5$ mm

$i=\sqrt{\dfrac{I}{A}}=\sqrt{\dfrac{\frac{a^4}{12}}{a^2}}=16.3$ （mm） $\qquad\qquad \lambda=\dfrac{\mu l}{i}=\dfrac{0.5\times3\times10^3}{16.3}=92$

因为 $\lambda_s<\lambda<\lambda_p$

所以 $F_{cr}=\sigma_{cr}\cdot A=(304-1.12\lambda)\cdot A=(304-1.12\times92)\times3.2\times10^3=644\text{(kN)}$

3. 圆形截面：

因为 $A=\dfrac{\pi d^2}{4}=3.2\times10^3$ 所以 $d=63.8$ mm

$i=\sqrt{\dfrac{I}{A}}=\dfrac{d}{4}=15.95 \qquad\qquad \lambda=\dfrac{\mu l}{i}=\dfrac{0.5\times3\times10^3}{15.95}=94$

因为 $\lambda_s<\lambda<\lambda_p$

所以 $F_{cr}=\sigma_{cr}\cdot A=(304-1.12\times94)\times3.2\times10^3=635\text{(kN)}$

4. 空心圆截面：

因为 $A = \dfrac{md^2 \ (1-0.7^2)}{4} = 3.2 \times 10^3$　所以 $D = 89.3$ mm

$$i = \sqrt{\dfrac{I}{A}} = \sqrt{\dfrac{\dfrac{\pi D^4 \ (1-0.7)^4}{64}}{\dfrac{\pi D^2}{4}(1-0.7^2)}} = 27.2$$

$$\lambda = \dfrac{\mu l}{i} = \dfrac{0.5 \times 3 \times 10^3}{27.2} = 55.1$$

因为 $\lambda < \lambda_s$ 属小柔度杆，其临界荷载应按强度计算

所以 $F_{cr} = \sigma_{cr} \cdot A = 235 \times 10^6 \times 3.2 \times 10^3 = 752$(kN)

可见，在面积相同情况下，空心圆截面压杆的临界荷载最高，即承载能力最强。

【例 4】如图 2—14—3（a）所示托架，荷载 $Q = 70$ kN，杆 AB 直径 $d = 40$ mm，两端为绞支，材料为 A3 钢，$E = 206$ GPa，$\sigma_{cr} = 304 - 1.12\lambda$，$\lambda_p = 100$，$\lambda_s = 61.4$，稳定安全系数 $n_{st} = 2$，横梁 CD 为 20a 工字钢，$[\sigma] = 140$ MPa。试校核托架是否安全？

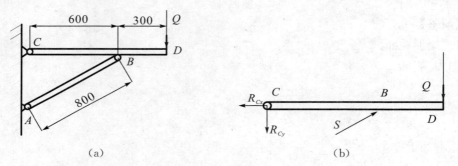

（a）　　　　　　　　　　　　（b）

图 2—14—3

【解答】托架由横梁 CD 和压杆 AB 所组成，所以既要校核横梁 CD 的强度，又要校核压杆 AB 的稳定性。

首先取横梁 CD 为研究对象，并画受力图［如图 2—14—3b 所示］：

$$\cos\alpha = \dfrac{600}{800}, \alpha = 41.4°$$

由 $\sum M_C = 0$，$S\sin\alpha \times 600 - Q \times 90 = 0$

$$S = \dfrac{900Q}{600 \times \sin 41.4°} = \dfrac{900 \times 70 \times 10^0}{600 \times 0.661} = 159 \text{ (kN)}$$

1. 校核横梁 CD 的强度。由受力图分析知它受拉弯组合变形。

查型钢表，NO20a 工字钢 $W_z = 237$ cm^3，$A = 35.5$ cm^2，危险截面在 B 处。

$$\sigma = \dfrac{M}{W_z} + \dfrac{S \cdot \cos\alpha}{A} = \dfrac{70 \times 10^3 \times 300}{273 \times 10^3} + \dfrac{159 \times 10^3 \times 0.75}{35.5 \times 10^2} = 122 \text{(MPa)} < [\sigma]$$

横梁 CD 安全。

2. 校核压杆 AB 的稳定性。

柔度 $\lambda = \dfrac{\mu l}{i} = \dfrac{1 \times 80}{4/4} = 80$

$\because \lambda_s < \lambda < \lambda_p$

$\therefore$ 应用经验公式

$$F_{cr} = \sigma_{cr} \cdot A = (304 - 1.12 \times 80) \times \frac{\pi}{4} \times (0.04)^2 = 269 \, (kN)$$

压杆 AB 的工作安全系数 $n = \dfrac{F_{cr}}{F} = \dfrac{269}{159} = 1.69 < n_{st}$

压杆 AB 的稳定性不够，即托架不安全。

第十五章　工程中常见结构简介

【教学目标】

1. 掌握结构力学的研究对象、荷载的分类、结点及支座的分类。
2. 掌握结构的计算简图及分类。
3. 领会几何不变体系、几何可变体系、瞬变体系和刚片、约束、自由度等概念。
4. 掌握无多余约束的几何不变体系的几何组成规则及常见体系的几何组成分析。
5. 了解各种结构的受力与变形特点。

【解题方法】

本章主要内容为平面杆件体系的几何组成分析。

一、几何组成分析依据

几何不变体系的组成规则：

规则一：一个刚片与一个点用两根链杆相连，且三个铰不在一条直线上，则组成几何不变体系，并且没有多余约束。

推论 1：在一个体系上加上或去掉一个二元体，是不会改变体系原来性质的。

规则二：两个刚片用一个铰和一根链杆相联结，且三个铰不在一条直线上，则组成几何不变体系，并且无多余约束。

推论 2：两个刚片用既不完全平行也不交于一点的三根链杆相连，则组成几何不变体系，并且无多余约束。

规则三：三个刚片用三个铰两两相连，且三个铰不在一条直线上，则组成几何不变体系，并且无多余约束。

推论 3：三个刚片用三个虚铰两两相连（即 6 根链杆），且三个虚铰不在一条直线上，则组成几何不变体系，并且无多余约束。

二、几何组成分析技巧

（1）尽量扩大不变体系的范围，减少刚体数。
（2）撤除或加上二元体。
（3）链杆可以当作刚体，刚体有时可当作链杆。

（4）两端铰接的折杆或曲杆可用直杆代替。

（5）刚片无所谓形状，可用杆件或简单刚片代替复杂刚片。

三、几何组成分析结果

（1）无多余约束的几何不变体系。

特点：约束数目恰好够且约束的布置合理，不发生位移，为静定结构。

（2）有多余约束的几何不变体系。

特点：约束数目有多余且约束的布置合理，不发生位移，为超静定结构。

（3）几何瞬变体系。

特点：约束数目够但约束的布置不合理，发生微小位移，不能作为结构。

（4）几何常变体系。

特点：约束的布置不合理或约束数目不够，发生大位移，不能作为结构（作为机构）。

注意点：

每一刚体及约束不能遗漏，亦不能重复使用。

【典型例题】

【例1】为什么结构计算简图的选择极为重要？

【解答】因为实际结构是很复杂的，完全按照结构的实际情况进行力学分析与计算是不可能的，也是不必要的，因此必须对实际结构在计算前进行简化，略去次要因素，抓住主要因素。在这当中如若处理不当，一是失去真实没有计算价值，二是使本来很简单的问题变得很复杂，甚至无法计算。只有符合选择原则的结构计算简图才有计算价值，所以结构的计算简图选择极为重要。

【例2】结构计算简图的选择应注意哪些问题？

【解答】结构计算简图的选择应注意下列问题：

（1）一定先对实际结构进行受力分析，分清哪些是次要因素，哪些是主要问题；

（2）对于已成熟的结构计算简图大胆采用，不必再进行过多的论证；

（3）对于新材料新结构的计算简图要抱慎重态度，不要轻易下结论，要通过受力分析、方案对比，甚至通过实验来确定；

（4）对于重要结构的计算简图一定要有可靠的依据，要集体研究决定，不可轻易拍板。

【例3】试对如图2-15-1（a）所示体系进行几何组成分析。

【解答】如图2-15-1（b）所示，Ⅰ、Ⅱ、Ⅲ三个刚片用铰 A、B、C 联结，而三铰不共线，依据三角形组成规则，Ⅰ、Ⅱ、Ⅲ三个刚片组成内部几何不变体系，且无无多余约束。这部分与地基用不共点的三链杆1、2、3联结，依据两刚片规则，组成一个更大的几何不变体系，且无多余约束。由此得原体系为无多余约束的几何不变体系。

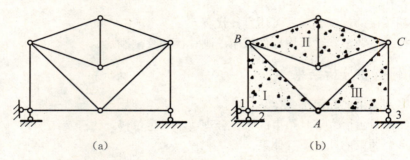

图 2—15—1

【例 4】试对如图 2—15—2（a）所示体系进行几何组成分析。

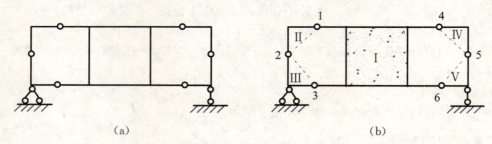

图 2—15—2

【解答】如图 2—15—2（b）所示，刚片Ⅰ、Ⅱ、Ⅲ由不共线的三个单铰 1、2、3 两两相连，依据三刚片规则，刚片Ⅰ、Ⅱ、Ⅲ组成内部几何不变体系，但闭合框Ⅰ的内部有三个多余约束。这部分与刚片Ⅳ、Ⅴ又用不共线的三个单铰 4、5、6 两两相连，组成几何不变的整体。该体系与地基用不共点的三链杆相连，仍为几何不变体系。所以，体系几何不变，有三个多余约束。

注：该题容易发生的错误是忘掉闭合框内部的多余约束。

项目三 《建筑力学》思考题参考答案

1−1 受多个力作用而保持平衡状态的杆件是否一定不是二力杆？

答：不一定。根据力的多边形法则知，几个共点力可以合成一个合力，所以受多个力作用而保持平衡状态的杆件，只要是在两点受力，则该杆就是二力杆。

1−2 试说明下列式子的意义。

①矢量 F_1＝矢量 F_2；

②$F_1 = F_2$；

③力 F_1 等效力 F_2。

答：①式表示力 F_1 与 F_2 大小和方向相同，②式表示力 F_1 与 F_2 大小相同，③式表示力 F_1 与 F_2 大小、方向与作用点（对刚体而言可以是作用线）相同。

1−3 二力平衡公理和作用与反作用公理的区别是什么？

答：二力平衡公理是描述一个刚体受两力作用的平衡条件，而作用与反作用公理是阐明了两个物体间相互作用的两力的关系，虽都有"大小相等、方向相反、沿同一条直线"的内容，但其含义却不同。

1−4 常见的约束类型有哪些？各种约束反力的方向如何确定？

答：常见的约束类型有柔体约束、光滑接触面约束、圆柱光滑铰链约束、链杆约束、固定铰支座、可动铰支座和固定端支座。前两种约束的反力方向已知，画受力图时这些约束类型的反力的方向不能假设；其余约束类型反力方向未知，画受力图时这些约束类型的反力的方向可以假设。

2−1 两平面汇交力系如图所示，两个力多边形中各力的关系如何？

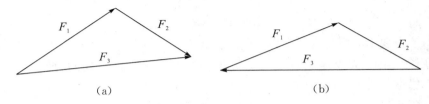

(a)   (b)

思考题 2−1 图

答：图（a）中 F_3 是 F_1、F_2 的合力；图（b）中各力首尾相接，平面汇交力系平衡（或平面汇交力系合力为零）。

2−2 合力一定比分力大吗？

答：不一定。

2-3 分力与投影有什么不同? 什么情况下它们相同?

答: 力的投影只有大小和正负, 它是代数量(双向标量), 而力 F 的分力是矢量。但力 F 的分力大小与力 F 在该两正交坐标轴上投影的绝对值是相等的。

2-4 用几何法研究平面汇交力系的合成与平衡时, 作图时作用力的顺序不同对计算结果有否影响?

答: 对计算结果无影响(因为合成结果唯一), 但力多边形的形状要变化。

2-5 一平面汇交力系, 可以建立多少个平衡方程? 可以建立多少个独立的平衡方程?

答: 一方面汇交力系可以建立无数多个平衡方程, 可以建立 2 个独立的平衡方程。

3-1 什么情况下力对点的矩等于零?

答: ①力等于零; ②力臂等于零, 即力的作用线通过矩心。

3-2 合力矩定理的内容是什么? 它有什么用途?

答: 平面汇交力系的合力对平面内任一点的力矩, 等于力系中各分力对同一点的力矩的代数和。这就是平面汇交力系的合力矩定理。

应用合力矩定理在于简化力矩的计算。当力臂不易确定时, 可将力分解为易找到力臂的两个互相垂直的分力, 在求出两分力的力矩后, 再代数相加即可。

3-3 二力平衡中的两个力、作用与反作用公理中的两个力、构成力偶的两个力各有什么不同?

答: 二力平衡中的两个力等值、反向、共线, 共同作用在一个物体上; 作用与反作用公理中的两个力等值、反向、共线, 分别作用在两个物体上; 构成力偶的两个力等值、反向、互相平行但不共线, 作用在一个物体上。

3-4 力偶不能用一个力来平衡。如图所示的结构为何能平衡?

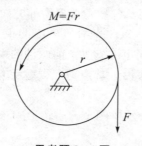

思考题 3-4 图

答: 由于力偶不能简化为一个力, 所以力偶不能与一个力平衡。图中的转轮除受到 F 和 M 作用外, 固定铰支座处的反力 R 与 F 必组成另一与 M 反向的力偶, 从而平衡。究其本质, 仍是力偶与力偶的平衡。

3-5 在如图所示物体 A、B、C、D 四点作用两个平面力偶, 其力多边形封闭, 试问物体是否平衡?

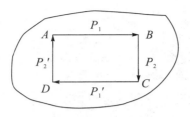

思考题 3-5 图

答：物体不平衡。力多边形自行封闭是平面汇交力系的平衡条件，这四个力构成的是平面力偶系。

4-1　平面任意力系的合力与其主矢的关系怎样？在什么情况下主矢即为合力。

答：平面任意力系的合力与其主矢平行且相等。当主矩为零时，主矢即是合力。

4-2　在简化一个已知平面任意力系时，选取不同的简化中心，一般情况下主矢和主矩是否不同？力系简化的最后结果会不会改变？为什么？

答：选取不同的简化中心时，一般情况下主矢相同，主矩不同。有一种特殊情况是主矢为零，主矩相同。

力系简化的最后结果不会改变。这是因为作为一个已知平面任意力系，其对物体的作用效果便已确定，最后合成的结果也只能有一个。换言之，一个已知平面任意力系不可能与两个不同的力或两个不同的力偶同时等效。

4-3　为什么说平面任意力系只有三个独立的平衡方程？

答：平面任意力系有三种形式的平衡方程，每一种形式都只有三个独立的平衡方程，不管哪种形式的平衡方程，都是平面任意力系平衡的必要和充分条件，即平面任意力系一旦满足了某种形式的三个平衡方程，则此力系一定平衡，所写的第四、第五……个平衡方程都是前三个平衡方程的必然结果，都可以从前三个平衡方程中推导出来，因而不是独立方程，所以平面任意力系只有三个独立的平衡方程。

4-4　如图所示，物体系统处于平衡。试分别画出各部分和整体的受力图。

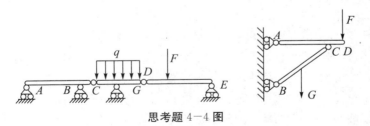

思考题 4-4 图

答：略

5-1　什么是杆件？描述杆件几何特征的要素有哪些？杆件可以分为几种类型？工程中常见杆件是哪种杆？

答：杆件，指某一个方向（一般为长度方向）的尺寸远大于其另外两个方向尺寸的构件。

描述杆件几何特征的要素有横截面和轴线。

杆件可以分为直杆和曲杆，也可分为等截面杆和变截面杆。

工程中常见的杆件是等截面直杆，简称等直杆。

5—2　学习第二篇材料力学的主要任务是什么？

答：坩在结构与构件设计中，为解决安全可靠与经济节约这一矛盾，应提供系统的力学计算原理和基本方法。

6—1　正应力的"正"指的是正负的意思，所以正应力恒大于零，这种说法对吗？为什么？

答：这种说法不对。

正应力的"正"指的是正交的意思，即垂直于截面。其本身有正负规定：拉为正，压为负。

6—2　力的可传性原理在研究杆件的变形时是否适用？为什么？

答：不适用。因为应用力的可传性原理会改变杆件各部分的内力及变形。

6—3　什么是危险截面、危险点？对于等截面轴向拉（压）杆而言，轴力最大的截面一定是危险截面，这种说法对吗？

答：危险截面——最大应力所在的截面。

危险点——应力最大的点，破坏往往从危险截面上的危险点开始。

对于等截面轴向拉（压）杆而言，轴力最大的截面一定是危险截面，这种说法正确。

6—4　内力和应力有何区别？有何联系？

答：①两者概念不同：内力是杆件受到外力后，杆件相连两部分之间的相互作用力；应力是受力杆件截面上某一点处的内力分布集度，提及时必须明确指出杆件、截面和点的位置。

②两者单位不同：内力——kN、kN·m，与外力或力矩的单位相同；

应力——N/m^2、Pa（帕）、kPa（千帕）、MPa（兆帕）与GPa（吉帕），工程中常用N/mm^2。

③两者的关系：整个截面上各点处的应力总和等于该截面上的内力。在弹性范围内，应力与内力成正比。

6—5　材料经过冷作硬化处理后，其力学性能有何变化？

答：材料经过冷作硬化处理后，提高了弹性极限以及屈服极限，在提高承载力的同时降低了塑性，使材料变脆、变硬，易断裂，再加工困难等。

6—6　什么是应力集中？应力集中只有弊而没有利，这种说法对吗？

答：①因杆件截面尺寸的突然变化而引起局部应力急剧增大的现象，称为应力集中。

②这种说法不对。日常生活中，有时需利用应力集中，使材料容易破坏。零售布料的工作人员先用剪刀在布匹上剪一小口再撕布，就很易把布撕开，就是利用了应力集中的现象。再如易拉罐拉手周围的刻痕、各种食品包装袋边缘处所开的缺口，其目的都是使其产生应力集中现象。

6—7　三种材料的$\sigma-\varepsilon$曲线如图所示，试问，哪一种材料的强度最高？哪一种材料的刚度最大？哪一种材料的塑性最好？

答：材料 b 的强度最高，材料 a 的刚度最大，材料 c 的塑性最好。

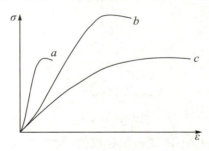

思考题 6—7 图

7—1　什么是实用计算法？在剪切和挤压的实用计算中有哪些假定？

答：实用计算法——当计算过程较为复杂时，采用的一种以试验及经验为基础的简便算法。

剪切实用计算法的假定：假定切应力在剪切面上均匀分布。

挤压实用计算法的假定：假定挤压应力在挤压面的计算面积上均匀分布。

7—2　若实心圆轴的直径减小为原来的一半，其他条件都不变。那么轴的最大切应力和扭转角将如何变化？

答：此类问题的回答必须根据相关的公式，根据公式中各量的关系便不难判断各量的变化。根据

$$\tau_{\max} = \frac{T}{W_p} = \frac{16T}{\pi d^3}$$

可知，d 减小一半，$\tau_{\max}$ 增大到原来的 8 倍。

再根据

$$\varphi = \frac{Tl}{GI_p} = \frac{32Tl}{G\pi d^4}$$

可知，d 减小一半，$\varphi_{\max}$ 增大到原来的 16 倍。

7—3　从强度观点看图示三个轮子，哪一个布置比较合理？

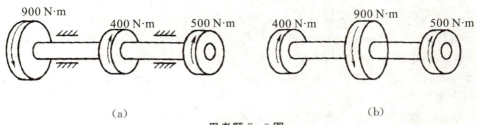

（a）　　　　　　　　　　　　　　　　（b）

思考题 7—3 图

答：（b）布置比较合理合理。

8—1　如图所示，矩形截面以上部分对形心轴 z 和以下部分对形心轴 z 的静矩有何关系？

答：$S_{z\text{上}} = -S_{z\text{下}}$。

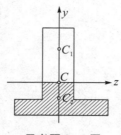

思考题 8−1 图

8−2 如图所示，两个由 N020 槽钢组合成的两种截面，试比较它们对形心轴的惯性矩 I_z、I_y 的大小。

答：$I_{z1}=I_{z2}$，$I_{y1}<I_{y2}$。

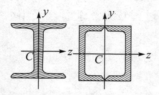

思考题 8−2 图

9−1 有集中力作用处的剪力与弯矩有何变化？

答：在集中力作用处，剪力发生突变，应分别计算该处左侧及右侧截面上的剪力，弯矩在该处左侧及右侧截面上的数值相同，只需要计算该截面处的一侧弯矩即可。

9−2 有集中力偶作用处的剪力与弯矩有何变化？

答：在集中力偶作用处，弯矩发生突变，应分别计算该处左侧及右侧截面上的弯矩，而剪力在该处左侧及右侧截面上的数值相同，只需要计算该截面处的一侧剪力即可。

9−3 平面弯曲的受力特点和变形特点是什么？

答：受力特点：外力全部都在梁的同一纵向对称平面内。

变形特点：梁变形后的轴线与力的作用平面相重合。

9−4 用截面法求梁的剪力与弯矩为什么教材上用一投影与一力矩方程求解，且求力矩的矩心选在截面形心上？能否用二投影或二力矩方程来求两个内力？

答：因为一个方程只含一个未知数，计算方便；不能用二投影方程，因为投影方程中不含弯矩；可以用二力矩方程求解，但要联解方程组，计算麻烦。

9−5 如图所示一外伸梁，当力偶 M 的位置改变时，梁的支座反力有无变化？梁的内力图有无变化？

答：梁的支座反力不变，梁的内力图要变。

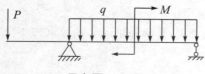

思考题 9−5 图

10−1 什么是纯弯曲？什么是横力弯曲？举例说明。

答：只产生弯曲变形，而不产生剪切变形的弯曲变形形式称为纯弯曲；既产生弯曲变形，又产生剪切变形的弯曲变形形式称为横力弯曲（又称剪切弯曲）。悬臂梁只受外力偶作用将产生纯弯曲变形，悬臂梁受分布荷载作用将产生横力弯曲变形。

10-2　纯弯曲时，梁的正应力计算公式使用条件是什么？这个公式还可推广应用于什么情况？

答：使用条件：

（1）梁产生纯弯曲。

（2）矩形截面梁。

（3）正应力不超过材料的比例极限。

这个公式可推广应用于 l/h 值大于 5 的横力弯曲梁及横截面有竖向对称轴的其他截面形状梁。

10-3　跨度、荷载、截面、类型完全相同的两根梁，它们的材料不同，那么这两根梁的弯矩图、剪力图是否相同？它们的最大正应力、最大切应力是否相同？它们的强度是否相同？通过思考以上问题你能得出什么结论？

答：弯矩图、剪力图相同，最大正应力、最大切应力相同，强度不同。

结论：梁的内力图、正应力、切应力与材料种类无关，强度与材料种类有关。

10-4　提高梁弯曲强度的措施有哪些？简述工程中常将矩形截面"立放"而不"平放"的原因。为了提高梁的弯曲强度，能否将矩形截面做成高而窄的长条形？

答：1．降低梁在荷载作用下的最大弯矩。

（1）合理布置梁上荷载。

（2）合理设置梁的支座。

①改变支座的位置。②改变支座的个数。③改变支座的形式。

2．合理选择截面。

（1）根据比值 W_z/A 选择截面。

（2）根据材料的性质选择合理截面。

（3）采用变截面梁。

3．增大材料许用应力

因为立放矩形截面能使抗弯截面系数大。

不能将矩形截面做成高而窄的长条形。一方面横截面上切应力随矩形截面的宽度减小而增大，从而降低了梁的切应力强度；另一方面高而窄的梁容易失稳。

10-5　什么是等强度梁？什么是变截面梁？为什么工程中常用的变截面梁并不是等强度梁？

答：横截面尺寸在整根梁范围内不是一个常数，而是沿着轴线有一定变化的梁称为变截面梁。每一个横截面上的最大正应力都恰好等于梁所用材料的弯曲许用正应力的变截面梁称为等强度梁。由于等强度梁的制作比较复杂，给施工带来好多困难，综合考虑强度和施工两种因素，它并不是最经济合理的梁。所以工程中，通常是采用形状比较简单又便于加工制作的各种变截面梁，而不采用等强度梁。

11-1　什么叫挠度、转角？

答：梁弯曲时，横截面的形心沿竖直方向的位移，称为挠度；横截面对其原来的位置所转过的角度，称为转角。

11-2 用叠加法计算梁的变形，其解题步骤如何？

答：①分解荷载；②查表；③叠加。

11-3 如何提高梁的刚度？

答：①增大梁的抗弯刚度；②减小梁的跨度；③改善荷载的布置情况。

12-1 梁弯曲时横截面上有什么应力，如何分布，最大值在何处？

答：一般情况下，梁弯曲时横截面上既有正应力又有切应力。正应力沿截面高度线性分布。最大正应力发生在距中性轴最远处，即截面边缘处；矩形截面梁与工字形截面梁切应力沿截面高度呈二次抛物线规律变化，中性轴上切应力最大。圆形和圆环形截面梁的切应力情况比较复杂，但可以证明，其竖向切应力也是沿梁高按二次抛物线规律分布的，并且也在中性轴上，切应力达到最大值。

12-2 简述一点的应力状态，以及单元体、主应力、主平面的概念。

答：受力构件上某一点在各个不同方位截面上应力情况的集合，即一点的应力状态。

研究某点处的应力状态，可围绕该点取一个边长为无穷小的正六面体——单元体。

单元体上切应力等于零的平面，称为主平面。

作用在主平面上的正应力，称为主应力。

13-1 什么是组合变形？组合变形杆件的应力计算是依据什么原理进行的？

答：构件由于受复杂荷载的作用，同时发生两种或两种以上的基本变形，这种变形情况叫作组合变形。组合变形杆件的应力计算是依据叠加原理进行的。

13-2 图示各杆的组合变形是由哪些基本变形组合成的？并判定在各基本变形情况下 A、B、C、D 各点处正应力的正负号。

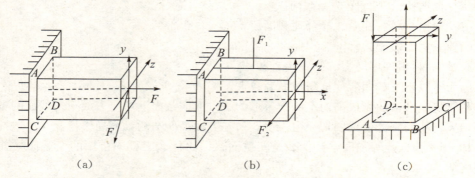

(a)　　　　　　　　(b)　　　　　　　　(c)

答：(a) 由轴向拉伸与两个平面内的弯曲变形组合而成。(b) 由两个平面内的弯曲变形组合而成。(c) 由轴向压缩与两个平面内的弯曲变形组合而成。

(a) 轴向拉伸 A、B、C、D 各点处正应力均为正；水平面上平面弯曲 B、D 点正应力为正，A、C 点正应力为负；竖直面上平面弯曲 A、B 点正应力为正，C、D 点正应力为负。

(b) 水平面上平面弯曲 B、D 点正应力为正，A、C 点正应力为负；竖直面上平面

弯曲 A、B 点正应力为正，C、D 点正应力为负。

（c）轴向拉伸 A、B、C、D 各点处正应力均为负；z 轴面上平面弯曲 C、D 点正应力为正、A、B 点正应力为负；y 轴面上平面弯曲 C、B 点正应力为正，A、D 点正应力为负。

13-3　什么是截面核心？它在工程设计中有何实际意义？

答：偏心压缩杆件，当荷载作用在截面形心周围的一个区域内时，杆件整个横截面上只产生压应力而不出现拉应力，这个荷载作用的区域就称为截面核心。在土建工程中常用的砖、石、混凝土等一类建筑材料，其抗拉强度远低于抗压强度，在对这类构件进行设计计算时，为安全起见，一般最好不让截面上出现拉应力，以免出现拉裂破坏。对于这类问题，截面核心这个概念具有重要的意义。

14-1　有一圆截面细长压杆，试问：①杆长增加一倍；②直径 d 增加一倍，临界力各有何变化？

答：依据细长压杆用欧拉公式

$$F_{cr} = \frac{\pi^2 EI}{(\mu l)^2}$$

得①杆长 l 增加一倍时，临界力为原来的 1/4 倍。

②直径 d 增加一倍时，临界力为原来的 16 倍。

14-2　根据柔度大小，可将压杆分为哪些类型？这些类型压杆的临界应力 σ_{cr} 计算式是什么？分别属于什么破坏？

答：根据柔度大小，可将压杆分为细长压杆、中长压杆、短粗压杆三类。

细长压杆（$\lambda \geqslant \lambda_p$）临界应力用欧拉公式 $\lambda_{cr} = \dfrac{\pi^2 E}{\lambda^2}$；

中长压杆（$\lambda_s < \lambda < \lambda_p$）临界应力用经验公式 $\lambda_{cr} = a - b\lambda^2$；

短粗压杆（$\lambda \leqslant \lambda_s$）临界应力用压缩强度公式 $\sigma_{cr} = \sigma_s$ 或 $\sigma_{cr} = \sigma_b$。

细长压杆、中长压杆的破坏属于失稳破坏；短粗压杆，其破坏则是因为材料的抗压强度不足而造成的。

14-3　何为柔度？柔度表征压杆的什么特性？它与哪些因素有关？

答：由临界应力欧拉公式 $\sigma_{cr} = \dfrac{F_{cr}}{A} = \dfrac{\pi^2 EI}{A(\mu l)^2}$

令 $i^2 = I/A$，代入上式，则 $\sigma_{cr} = \dfrac{\pi^2 EI}{A(\mu l)^2} = \dfrac{\pi^2 E}{\left(\dfrac{\mu l}{i}\right)^2} = \dfrac{\pi^2 E}{\lambda^2}$

式中：i 称为截面的惯性半径；$\lambda = \mu l / i$ 称为压杆的柔度，也称为压杆的长细比。

柔度表征压杆的长细特性，它与压杆的支承情况、长度、截面形状及尺寸有关。

15-1　工程上的实际荷载是什么情况？

答：工程上的荷载有的是连续分布在物体的体积上，称体分布荷载，如重力与惯性力；有的是连续分布在物体的表面上的，称面分布荷载，如土压力、水压力等。

15-2　对体系进行几何组成分析的目的是什么？

答：①判别某一体系是否几何不变，从而决定它能否作为结构。

②研究几何不变体系的组成规则，以便合理布置构件。

③区分静定结构和超静定结构，以便选择相应的计算方法。

15—3 多跨静定梁内力的计算顺序是怎样的？

答：多跨静定梁的计算顺序是先计算附属部分，再计算基本部分。即从层次图的最上层，逐步往下层计算。

15—4 为什么拱往往用抗拉强度较低而抗压强度较高的材料来建造？

答：在拱式结构中，由于存在推力，推力产生负弯矩，将抵消一部分正弯矩，所以拱横截面上的弯矩将比相应跨度的梁的弯矩小得多，使拱主要承受压力作用。因此拱式结构往往采用抗拉强度较低而抗压强度较高的砖、石、混凝土等来建造。

15—5 怎样识别组合结构中的链杆（二力杆）和受弯杆？组合结构的计算顺序如何？

答：链杆只在两端用铰与其他杆件相连，中间不受任何力。受弯杆在中间还受力。组合结构中一般情况下先求二力杆内力，再求梁式杆内力。

项目四 《建筑力学》实验指导

【实验大纲】

一、实验教学的地位与作用

《建筑力学》实验教学是该课程教学内容的重要组成部分，是对理论教学知识的实践，是土建类专业学生锻炼操作技能，提高技术水平的重要途径。《建筑力学》实验分为材料的力学性能试验与电测法应力分析实验两类。材料的力学性能试验是工程中广泛应用的一种试验，它为土木工程提供可靠的材料力学性能参数，便于合理地使用材料，保证结构（构件）的安全工作。电测法是实验应力分析中应用最广泛和最有效的方法之一，广泛应用于土木工程技术领域，是验证理论、检验工程质量和科学研究的有力手段，项目四只介绍材料力学性能试验。通过该门课程的教学实验，可使学生增加感性认识，加深对所学理论的理解，培养学生的科学实验能力和初步的科学研究能力。

二、实验教学目标与基本要求

教学目标：通过本课程的实验教学，让学生掌握材料的主要力学性能，掌握一般材料力学性能的测定方法及电测实验的基本原理和操作方法。

基本要求：

（1）知识要求：

①了解万能试验机的主要结构及工作原理；

②熟悉材料的主要力学性能；

③掌握万能试验机操作规程及使用方法；

④掌握对实验结果进行理论分析的方法。

（2）能力要求：

①具有测定材料强度指标的初步能力；

②具有测定材料塑性指标的初步能力。

三、实验教学组织与主要设备器材

（1）实验教学组织。

《建筑力学》实验教学采取在校内材料力学实验室学生分组做实验的方法，主要以实验操作为主。实验的组织管理由指导老师和实验室管理员负责管理。实验前由实验室管理员做好实验前的准备工作，实验开始时先由指导教师介绍实验目的、要求、原理及方法步骤等，然后学生每组分工开始进行实验。

（2）主要设备器材。

①液压式及电子式万能试验机。

②游标卡尺、直尺及钢卷尺。

③试件。

④扭转实验装置。

四、实验项目

1. 材料的拉伸与压缩实验

（1）教学目的与要求。

①测定低碳钢在拉伸时的比例极限、屈服极限、强度极限、延伸率和截面收缩率。

②测定铸铁在拉伸与压缩时的强度极限。

③观察实验，绘出整个试验过程中试件工作段的伸长量 Δl 与所受轴向拉力 P 之间的关系曲线。

④比较低碳钢和铸铁拉伸时的力学性能和特点。

⑤要求按时上交实验报告。

（2）知识要点：比例极限、屈服极限、强度极限、延伸率和截面收缩率、拉伸图与应力应变图。

（3）技能要点：掌握材料强度指标与材料塑性指标测定的方法与步骤。

（4）技能训练：万能试验机操作规程及使用方法的训练。

2. 材料的扭转实验

（1）教学目的与要求。

①观察试样的扭转变形现象。

②观察材料的破坏方式。熟悉扭转试验机的工作原理及使用方法。

③测定材料的剪切屈服极限及剪切强度极限。

④要求按时上交实验报告。

（2）知识要点：剪切屈服极限及剪切强度极限。

（3）技能要点：掌握材料剪切屈服极限及剪切强度极限测定的方法与步骤。

（4）技能训练：扭转试验机操作规程及使用方法的训练。

五、注意事项

（1）《建筑力学》实验大纲经学院教务处审查通过后方能执行和使用。

（2）教师在安排实验教学时，若与大纲有冲突，应书面提交变更申请，经系部主任批准，报教务处和实验实训中心同意后才能实施。

（3）实验指导教师要随时收集最新的实验方面的资料信息，为实验教学做好准备。

（4）遵守实验室操作规定，服从管理，按照操作步骤进行。

（5）实验成绩：由平时成绩和期末考试成绩组成，各占50%的比例。实验教学平时成绩包括每次实验的到勤情况、实验内容的完成情况、实验分析报告的完成情况等。每次实验完成后教师应作好考评和记载，全部实验项目完成后再统计汇总，得出平时成绩，按总分50分计算。

【实验指导】

实验一　拉伸与压缩实验

常温、静载下的轴向拉伸与压缩实验是材料力学实验中最基本且应用广泛的实验。通过实验，可以全面测定材料的力学性能指标。这些指标对材料力学的分析计算及工程设计有极其重要的作用。本次实验选用低碳钢和铸铁作为塑性材料和脆性材料的代表，分别进行拉伸和压缩实验。

不同材料在拉伸和压缩过程中表现出不同的力学性质和现象。低碳钢和铸铁分别是典型的塑性材料和脆性材料。低碳钢材料具有良好的塑性，在拉伸试验中弹性、屈服、强化和颈缩四个阶段尤为明显和清楚。低碳钢材料在压缩试验中的弹性阶段、屈服阶段与拉伸试验基本相同，低碳钢试件最后只能被压扁而不能被压断，无法测定其抗压强度极限 σ_{bc} 值。因此，一般只对低碳钢材料进行拉伸试验而不进行压缩实验。

铸铁材料受拉时处于脆性状态，其破坏是由拉应力拉断。铸铁压缩时有明显的塑性变形，其破坏是由切应力引起的，破坏面是沿 $45°\sim55°$ 的斜面。铸铁材料的抗压强度 σ_{bc} 远远大于抗拉强度 σ_{bt}。

一、实验目的

（1）观察分析低碳钢的拉伸过程和铸铁的拉伸、压缩过程，比较其力学性能。

（2）测定低碳钢材料 σ_s、σ_b、δ、φ，测定铸铁材料的 σ_{bt} 和 σ_{bc}。

（3）观察低碳钢拉伸时的屈服与颈缩现象。

（4）了解万能材料试验机的结构原理，能正确独立操作使用。

二、实验设备

（1）电子万能试验机。

（2）液压摆式万能试验机。

（3）游标卡尺。

三、拉伸和压缩试件

1. 拉伸试件

由于试件的形状和尺寸对实验结果有一定影响，为便于互相比较，应按统一规定加工成标准试件。图 4-1 (a) 和 (b) 分别表示横截面为圆形和矩形的拉伸标准试件。l_0 是测量标准试件伸长前的长度，称为原始标距。按国家标准《金属拉伸试验试件》GB 6397—86 的规定，拉伸矩形标准试件标距 l_0 与原始横截面面积 A_0 的关系为

$$l_0 = k \sqrt{A_0} \tag{4-1}$$

式中系数的值取为 5.65 时称为短试件，取为 11.3 时称为长试件。对直径为 d_0 的圆截面短试件，$l_0 = 5d_0$；对长试件，$l_0 = 10d_0$。

试件的表面粗糙度应符合国家标准。在图 4-1 中，尺寸 l 称为试件的平行长度，圆截面试样的 l 不小于 $l_0 + d_0$；矩形截面试件的 l 不小于 $l_0 + b_0$。为保证由平行长度到试件头部的缓和过渡，要有足够大的过渡圆弧半径 R。试件头部的形状和尺寸，与实验机的夹具结构有关，图 4-1 所示适用于楔形夹具。这时，试件头部长度不应小于楔形夹具长度的 2/3。

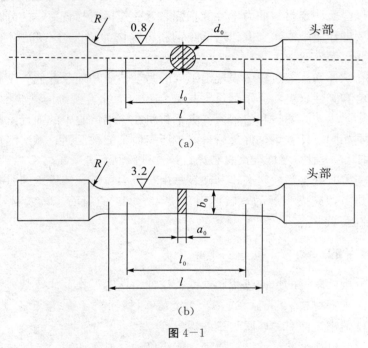

图 4-1

2. 压缩试件

压缩试件通常为圆柱形如图 4-2 所示。试样受压时，两端面与实验机垫板间的摩擦力约束试件的横向变形，影响试样的强度。随着比值 h_0/d_0 的增加，上述摩擦力对试件中部的影响减弱。但比值 h_0/d_0 也不能过大，否则将引起失稳。通常规定 $1 \leqslant h_0/d_0 \leqslant 3$。

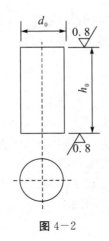

图 4-2

四、实验原理和方法

1. 低碳钢拉伸实验

做轴向拉伸试验时，首先应将试件两端牢牢地夹在试验机的上、下夹头中，然后再开动试验机给试件匀速缓慢地施加拉力（加载速度对力学性能是有影响的，速度越快，所测的强度值就越高），使其发生伸长变形，直至最后拉断。在试验过程中，拉力 P 的大小可由试验机上示力盘的指针指示出来，而试件标距 l 的总伸长 Δl 的大小则可用变形仪表量测出来。根据观测到的这些试验数据，即可绘出整个试验过程中试件工作段的伸长 Δl 与所受轴向拉力 P 之间的关系曲线如图 4-3 所示。习惯上把这种曲线图称为试件的拉伸图。试验机的自动绘图装置可以画出试件的拉伸图。为了便于分析材料的力学性质，将整个拉伸过程分为如下四个阶段：

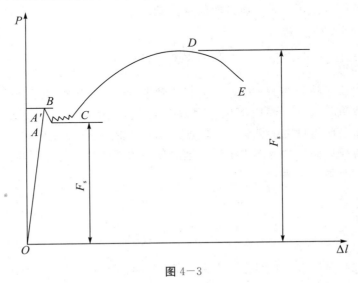

图 4-3

（1）弹性阶段。

弹性阶段的是指拉伸图上的 OA' 段，没有任何残留变形。在弹性阶段，荷载与变形是同时存在的，当荷载卸去后变形也就恢复。在弹性阶段，存在一比例极限点 A，对应的应力为比例极限 σ_p，此部分载荷与变形是成比例的，在此阶段测可以定出材料的弹性模量 E。

（2）屈服阶段。

屈服阶段对应拉伸图上的 BC 段。金属材料的屈服是宏观塑性变形开始的一种标志，是金属晶体界面位错滑移和运动的结果，是由切应力引起的，在低碳钢的拉伸曲线上，当荷载增加到一定数值时出现了锯齿曲线。这种荷载在一定范围内波动而试件还继续变形伸长的现象称为屈服现象。去除初始瞬时效应后波动的最低点所对应的荷载为屈服荷载，故在试验机示力盘上读取屈服荷载时，应在第一次波动之后再读到的最小力值即为屈服荷载。观察时要注意记录。屈服荷载对应的应力为材料的屈服极限 σ_s。用式（4-2）计算：

$$\sigma_s = F_s / A_0 \qquad (4-2)$$

考虑到钢材在屈服时会发生较大的塑性变形，使构件不能正常地工作，故在进行构件设计时，一般应将构件的最大工作应力限制在屈服极限 σ_s 以内。σ_s 是衡量钢材强度的一个重要指标。

（3）强化阶段。

强化阶段对应于拉伸图中的 CD 段。标志着材料恢复了抵抗变形的能力。这也表明材料要继续变形，就要不断增加荷载。在强化阶段如果卸载，弹性变形会随之消失，塑性变形将会永久保留下来。强化阶段的卸载路径与弹性阶段平行。卸载后重新加载时，加载线仍与弹性阶段平行。重新加载后，材料的比例极限明显提高，而塑性性能会相应下降。这种现象称之为冷作硬化。冷作硬化是金属材料的重要性质之一。D 点是拉伸曲线的最高点，对应的荷载为材料在被拉断前所能承受的最大荷载为 F_b（试件拉断后，可由示力盘上的副针读出破坏前试件所能承受的最大载荷），对应的应力是材料的强度极限 σ_b，用式（4-3）计算：

$$\sigma_b = F_b / A_0 \qquad (4-3)$$

（4）颈缩阶段。

颈缩阶段对应于拉伸图的 DE 段。荷载达到最大值后，塑性变形开始局部进行，出现颈缩现象。颈缩阶段，颈缩段面积急剧减小，试件承受的荷载也不断下降，直至断裂。断裂后，试件的弹性变形消失，塑性变形则永久保留在破断的试件上。材料的塑性性能通常用试件断后残留的变形来衡量。轴向拉伸的塑性性能通常用伸长率 δ 和截面收缩率 φ 来表示，计算公式为：

$$\delta = \frac{l_1 - l_0}{l_0} \times 100\% \qquad (4-4)$$

$$\varphi = \frac{A_0 - A_1}{A_0} \times 100\% \qquad (4-5)$$

式中，l_0、A_0 分别表示试件的原始标距和原始面积，l_1、A_1 分别表示试件标距的断后长度和断口面积。

（5）试件标距的断后长度 l_1 的确定。

对拉断后的低碳钢试件，要测量断裂后的标距 l_1。按国家标准《金属拉伸试验方法》GB 222—87 中的规定，断口应处在标距中间的 1/3 长度内，如果断口离标距端点的距离小于或等于 $l_0/3$ 时，由于试件夹持段较粗而影响颈缩部分的局部伸长，使延伸率 δ 的值偏小，因此必须用下述的"断口移中"法来确定 l_1。

将拉断的试件断口紧密对齐（如图 4—4 所示），以断口 O 为起点，在长段上取基本等于短段格数得 B 点，再取等于长段所余格数〔偶数，图 4—4（a）的一半〕，得 C 点；或者取所余格数〔奇数，图 4—4（b）〕分别减 1 与加 1 的一半，得 C 和 C_1 点。移中后的长度分别为：

$$l_1 = AB + 2BC \quad \text{或者} \quad l_1 = AB + BC + BC_1$$

若断口在标距两端点或标距之外，实验结果无效。

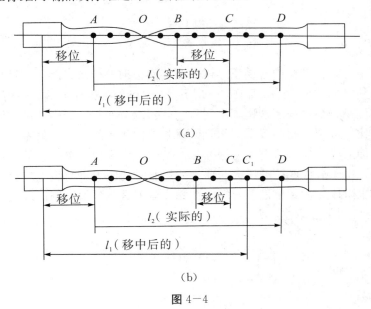

（a）

（b）

图 4—4

2. 铸铁拉伸实验

铸铁这类脆性材料拉伸时的拉伸图如图 4—5 所示。它不像低碳钢拉伸那样明显可为分弹性、屈服、颈缩、断裂等四个阶段，而是一根非常接近直线状的曲线，并没有下降段。铸铁试样是在非常微小的变形情况下突然断裂的，断裂后几乎测不到残余变形。可知铸铁不仅不具有 σ_s，而且测定它的 δ 和 φ 也没有实际意义。这样，对铸铁只需测定它的强度极限就可以了。

测定 σ_b 可取制备好的试件，只测出其截面积 A_0，然后装在试验机上逐渐缓慢加载直到试样断裂，记下最后载荷 P_b，据此即可算得强度极限 σ_b，即

$$\sigma_b = P_b/A_0 \tag{4-6}$$

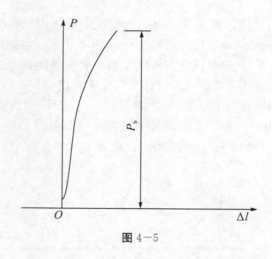

图 4-5

3. 压缩实验

为了保证正确地使试样中心受压，试件两端面必须平行及光滑，并且与试件轴线垂直。实验时必须要加球形承垫，如图 4-6 所示，它可位于试样上端，也可以位于下端。球形承垫的作用是，当试样两端稍不平行，它可起调节作用。低碳钢试件压缩时同样存在弹性极限、比例极限、屈服极限，而且数值和拉伸所得的相应数值差不多，但是在屈服时却不像拉伸那样明显。从进入屈服开始，试件塑性变形就有较大的增长，试件截面面积随之增大。由于截面面积的增大，要维持屈服时的应力，荷载也就要相应增大。因此，在整个屈服阶段，荷载也是上升的，在测力盘上看不到指针倒退现象，这样，判定压缩时的 P_s 要特别小心地注意观察。

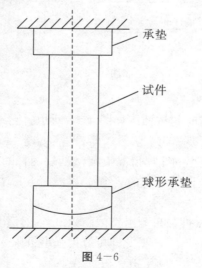

图 4-6

在缓慢均匀加载下，测力指针是等速转动的，当材料发生屈服时，测力指针的转动将出现减慢，这时所对应的荷载即为屈服载荷 P_s。由于指针转动速度的减慢不十分明显，故还要结合自动绘图装置上绘出的压缩曲线中的拐点来判断和确定 P_s。

低碳钢的压缩图（即 $P-\Delta l$ 曲线）如图 4-7 所示，超过屈服之后，低碳钢试件由原来的圆柱形逐渐被压成鼓形，如图 4−8 所示，继续不断加压，试样将愈压愈扁，但总不破坏。所以，低碳钢不具有抗压强度极限（也可将它的抗压强度极限理解为无限大），低碳钢的压缩曲线也可证实这一点。

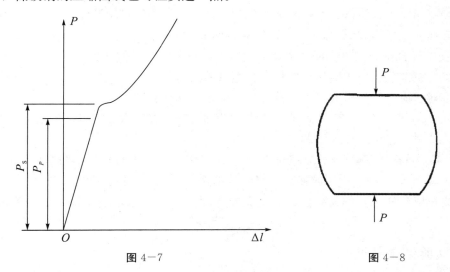

图 4−7　　　　　　　　　　　　　　图 4−8

铸铁在拉伸时是属于塑性很差的一种脆性材料，但在受压时，试件在达到最大载荷 P_b 前将会产生较大的塑性变形，最后被压成鼓形而断裂。铸铁的压缩图（$P-\Delta l$ 曲线）如图 4−9 所示，铸铁试件的断裂有两个特点：一是断口为略大于 45° 的斜断口，如图 4−10 所示；二是按 P_b/A_0 求得的 σ_b，远比拉伸时为高，大致是拉伸时的 3～4 倍。为什么铸铁这种脆性材料的抗拉与抗压能力相差这么大呢？这主要与材料本身情况（内因）和受力状态（外因）有关。铸铁压缩时沿斜截面断裂，其主要原因是由切应力引起的。假使测量铸铁受压试样斜断口倾角 α，则可发现它略大于 45° 而不是最大剪应力所在截面，这是因为试样两端存在摩擦力造成的。

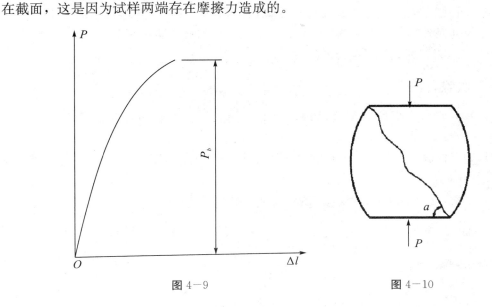

图 4−9　　　　　　　　　　　　　　图 4−10

五、实验步骤

（1）试件准备：在低碳钢试件上划出长度为 l_0 的标距线，并把 l_0 分成 n 等份（一般 10 等份），对于拉伸试件，在标距的两端及中部三个位置上，用游标卡尺测量沿两个相互垂直方向的直径，以其平均值计算各横截面面积，再取三者中的最小值为试件的 A_0。对于压缩试件，以试件中间截面相互垂直方向直径的平均值计算 A_0。

（2）试验机准备：对于液压试验机，根据试件的材料和尺寸选择合适的示力盘和相应的摆锤。对于电子拉力试验机，要选择合适的量程和加载速度。

（3）安装试件：将试件夹装在上夹头中，转动齿杆调整示力盘零点，再把试件夹在下夹头中，最后将自动绘图装置调整好。

（4）正式实验：控制液压机的进油阀或电子拉力试验机的升降开关缓慢加载。实验过程中，注意记录 F_s 值。屈服阶段后，打开峰值保持开关，以便自动记录 F_b 值。

（5）关机取试样：试件破坏后，立即关机。取下试件，量取有关尺寸。观察断口形貌。

六、实验结果处理

以表格的形式处理实验结果。根据记录的原始数据，计算出低碳钢的 σ_s、σ_b、δ 和 φ，铸铁的抗拉强度 σ_{bt} 和抗压强度 σ_{bc}。

实验二　扭转实验

工程实际中，有很多构件，如各类电动机轴、传动轴、钻杆等都主要发生扭转变形。材料在扭转变形下的力学性能，如扭转屈服极限 τ_s、抗扭强度极限 τ_b、剪变模量 G 等，是进行扭转强度计算和刚度计算的依据。此外，由扭转变形得到的纯剪切应力状态，是拉伸以外的又一重要应力状态，对研究材料的强度具有重要意义。下面将介绍 τ_s、τ_b 的测定方法及扭转破坏的规律和特征。

一、实验目的

（1）掌握实验数据的获得及处理，对低碳钢和铸铁扭转破坏时的断面形状有所了解。

（2）测定低碳钢扭转时的剪切屈服极限 τ_s 和剪切强度极限 τ_b，测定铸铁扭转时的剪切强度极限 τ_b。

（3）了解扭转试验机的结构和原理，掌握操作方法。

二、实验设备

（1）扭转试验机。

（2）游标卡尺。

三、试件

扭转试件一般为圆截面（如图 4—11 所示），l_0 为标距，l 为平行长度。一般使用圆形试件，$d_0 = 10$ mm，标距 $l_0 = 50$ mm 或 100 mm，平行长度 l 为 70 mm 或 120 mm。其他直径的试件，其平行长度为标距长度加上两倍直径。为防止打滑，扭转试件的夹持段截面宜为类似矩形的形状。取试件的两端和中间三个截面，每个截面在相互垂直的方向各量取一次直径，取两个截面平均直径的算术平均值来计算惯性矩 I_p，取三个截面中最小平均直径来计算抗扭截面模量 W_p。在低碳钢试样表面上画上两条纵向线和两圈圆周线，以便观察扭转变形。

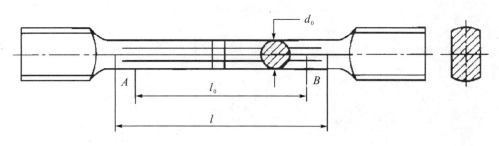

图 4—11

四、实验原理和方法

1. 测定低碳钢的剪切屈服极限 τ_s 和剪切强度极限 τ_b

安装好试件后进行加载。在加载过程中，扭转试验机上可以直接读出扭矩 T 和扭转角 φ，同时试验机也自动绘出了 $T-\varphi$ 曲线图，如图 4—12 所示，一般 φ 是试验机两夹头之间的相对扭转角。在比例极限内，T 与 φ 呈线性关系。横截面上切应力沿半径线性分布，如图 4—13（a）所示。扭转曲线表现为弹性、屈服和强化三个阶段，与低碳钢的拉伸曲线不尽相同，它的屈服过程是由表面逐渐向圆心扩展，形成环形塑性区。随着 T 的增大，横截面边缘处的切应力首先到达剪切屈服极限 τ_s，而且塑性区逐渐向圆心扩展，形成环形塑性区 [如图 4—13（b）所示]。但中心部分仍然是弹性的，所以 T 仍可增加，T 与 φ 的关系成为曲线。直到整个截面几乎都是塑性区 [如图 4—13（c）所示]，在 $T-\varphi$ 上出现屈服平台如图 4—12 所示，示力盘的指针基本不动或轻微摆动，相应的扭矩为 T_s。如认为这时整个圆截面皆为塑性区，由静力平衡条件，可求得 τ_s 与 T_s 的关系为：

$$T_s = \int \rho \tau_s dA$$

将式中 dA 用环状面积元素 $2\pi\rho d\rho$ 表示，则有

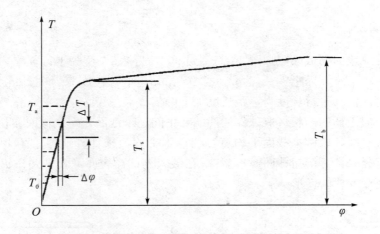

图 4-12

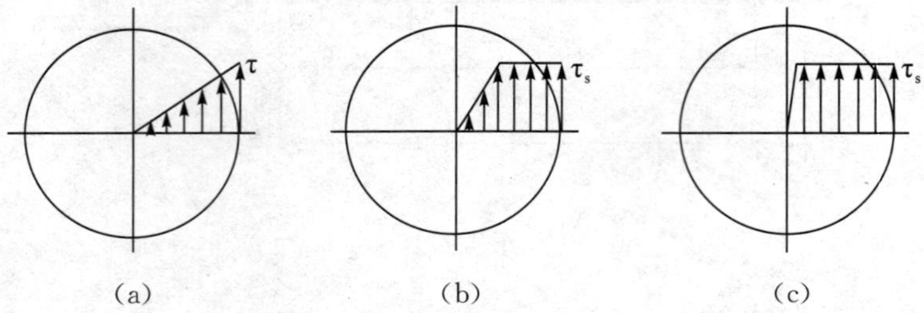

图 4-13

$$T_s = 2\pi\tau_s \int_0^{d/2} \rho^2 d\rho = \frac{4}{3}\tau_s W_p \tag{4-7}$$

故剪切屈服极限

$$\tau_s = \frac{3T_s}{4W_p} \tag{4-8}$$

式中，$W_p = \dfrac{\pi d^3}{16}$ 为抗扭截面系数。

经过屈服阶段后，材料的强化使扭矩又有缓慢的上升，但变形非常显著，试样的纵向线变成螺旋线。直至扭矩到达极限值 T_b，试样被扭断。与 T_b 相应的剪切强度极限 τ_b 仍由公式（4-8）计算，即

$$\tau_b = \frac{3T_b}{4W_p} \tag{4-9}$$

2. 铸铁剪切强度极限 τ_b 的测定

铸铁试样受扭时，变形很小即突然断裂。其 $T-\varphi$ 图接近直线，如图 4-14 所示。如把它作为直线，τ_b 可按线弹性公式计算，即

$$\tau_b = \frac{T_b}{W_t} \tag{4-10}$$

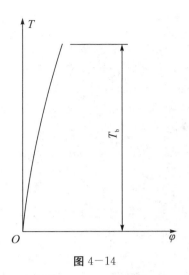

图 4—14

圆形试件受扭时，横截面上的应力应变分布如图 4—13（a）所示。在试样表面任一点，横截面上有最大切应力 τ，在与轴线呈 $\pm 45°$ 的截面上存在主应力 $\sigma_1 = \tau$，$\sigma_3 = -\tau$（图 4—15 所示）。低碳钢的抗剪能力弱于抗拉能力，试样沿横截面被剪断。铸铁的抗拉能力弱于抗剪能力，试样沿与 σ_1 正交的方向被拉断。如图 4—16 所示为低碳钢和铸铁试件扭转破坏断面。

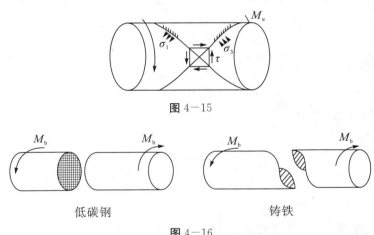

图 4—15

低碳钢   铸铁

图 4—16

五、实验步骤

（1）测定试件直径：选择试件标距两端及中间三个截面，每个截面在相互垂直方向各测一次直径后取平均值，用三处截面中平均值最小的直径计算 W_p。

（2）试验机准备：根据材料性质估计所需的最大扭矩，选择合适的测力表盘。将测力计的主动指针与从动指针调到零。

（3）安装试件：先将试件的一端安装于试验机的固定夹头上，检查试验机的零点，调整试验机活动夹头并夹紧试件的另一端。沿试件表面画一母线以定性观察变形现象。

（4）调试：扭转角度盘调零。

（5）开机试验：为了方便观察和记录数据，对于铸铁试件和屈服前的低碳钢试件，用慢速加载。屈服后的低碳钢试件可用快速加载。加载要求匀速缓慢。试验过程中要及时记录屈服扭矩 T_s 和最大扭矩 T_b。

（6）关机取试件：试件断裂后立即停机，取下试件，认真观察分析断口形貌和塑性变形能力。取下所画的 $T-\varphi$ 曲线。

（7）结束实验：试验机复原，关闭电源，清洁现场。

六、试验结果处理

以表格的形式处理实验结果。根据记录的原始数据，计算出低碳钢的剪切屈服极限 τ_s，剪切强度极限 τ_b，铸铁的剪切强度极限 τ_b。画出两种材料的扭转破坏断口草图，并分析其产生的原因。

【实验报告】

实验一　拉伸与压缩实验

班级：_____ 姓名：_____ 同组人员：_____
时间：_____ 地点：_____ 实验成绩：_____
指导教师：_____

一、试验目的

二、实验仪器设备

试验机名称、型号_____
拉伸试验选用量程_____kN，读数精度_____kN。
压缩试验选用量程_____kN，读数精度_____kN。
量具名称_____，读数精度_____mm。

三、低碳钢和铸铁力学性能指标测定报告表格

1. 试件尺寸记录

①拉伸试件

材料	标距 L_0（mm）	直径（mm）									最小横截面面积 A_0（mm²）
		横截面1			横截面2			横截面3			
		(1)	(2)	平均	(1)	(2)	平均	(1)	(2)	平均	
低碳钢											

材料	标距 L_0（mm）	直径（mm）									最小横截面面积 A_0（mm²）
		横截面1			横截面2			横截面3			
		（1）	（2）	平均	（1）	（2）	平均	（1）	（2）	平均	
铸铁											

②压缩试件

材料	标距 L_0（mm）	直径（mm）									最小横截面面积 A_0（mm²）
		横截面1			横截面2			横截面3			
		（1）	（2）	平均	（1）	（2）	平均	（1）	（2）	平均	
低碳钢											
铸铁											

2. 实验数据

①拉伸实验

材料	屈服荷载 P_s（kN）	最大荷载 P_b（kN）	断后标距 L_1（mm）	断裂处最小直径 d_1（mm）		
				（1）	（2）	平均
低碳钢						
铸铁						

②压缩实验

材 料	屈服荷载 P_s（kN）	最大荷载 P_b（kN）
低碳钢		
铸铁		

③作图（定性画出，适当注意比例）

受力特征	材料	$p-\Delta l$ 曲线	断口形状及特征
拉伸	低碳钢		
	铸铁		
压缩	低碳钢		
	铸铁		

④材料拉伸、压缩时力学性能

项目	低碳钢		铸铁	
	计算公式	计算结果	计算公式	计算结果
拉伸屈服极限 σ_s（MPa）				
拉伸强度极限 σ_{bt}（MPa）				
延伸率 δ（%）				
断面收缩率 φ（%）				
压缩屈服极限 σ_{sc}（MPa）				
压缩强度极限 σ_{bc}（MPa）				

四、思考题

1. 低碳钢和铸铁在拉伸破坏时的特点有什么不同？

2. 低碳钢和铸铁这两种材料在拉伸时的力学性能有何区别？

3. 低碳钢和铸铁这两种材料，拉伸破坏时的标志分别是哪一个极限应力？

实验二　扭转实验

班级：＿＿＿＿＿＿　姓名：＿＿＿＿＿＿　同组人员：＿＿＿＿＿＿
时间：＿＿＿＿＿＿　地点：＿＿＿＿＿＿　实验成绩：＿＿＿＿＿＿
指导教师：＿＿＿＿＿＿

一、试验目的

二、实验仪器设备

试验机名称、型号＿＿＿＿＿＿＿＿＿＿＿＿＿＿＿＿
扭转试验选用量程＿＿＿＿kN，读数精度＿＿＿＿kN。
量具名称＿＿＿＿＿＿＿＿，读数精度＿＿＿＿mm。

三、低碳钢和铸铁力学性能指标测定报告表格

①试件尺寸记录

材料	直径（mm）									最小横截面抗扭截面积系数 W_p（mm³）
	横截面 1			横截面 2			横截面 3			
	（1）	（2）	平均	（1）	（2）	平均	（1）	（2）	平均	
低碳钢										
铸铁										

②实验数据记录

项　　目	材　料	
	低碳钢	铸铁
屈服扭矩		
破坏扭矩		

③材料扭转的力学性能

项目	低碳钢		铸铁	
	计算公式	计算结果	计算公式	计算结果
剪切屈服极限				
剪切强度极限				

④作图（定性画出，适当注意比例）

受力特征	材料	$T-\varphi$ 曲线	断口形状及特征
扭转	低碳钢		
	铸铁		

四、思考题

1. 应圆轴扭转时危险点的应力状态是怎样的？请画出。

2. 低碳钢与铸铁试件扭转破坏情况有什么不同？请分析其原因。

3. 如果用木头或竹材制成圆截面试件，受扭时它们将如何破坏？为什么？

项目五 《建筑力学》期末考试模拟试卷与参考答案

【模拟试卷】

试卷一 （第 1 章至第 9 章内容）

一、单项选择题 （每小题 3 分，共 30 分）

1. 下面哪一个平面图形的几何性质的单位是长度单位的三次方？（　）
   A. 静矩　　　　　B. 惯性矩　　　　　C. 惯性半径　　　　D. 惯性积

2. 杆件上平行力间的截面发生相对错动，属于下列哪种变形？（　　）
   A. 轴向拉伸或压缩　　　　　　　　B. 剪切
   C. 扭转　　　　　　　　　　　　　D. 弯曲

3. 挤压面（　　）
   A. 一定是平面　　　　　　　　　　B. 一定是曲面
   C. 平面与曲面均可能　　　　　　　D. 不确定

4. （　　）作为塑性材料的极限应力。
   A. 弹性极限　　　B. 强度极限　　　C. 比例极限　　　D. 屈服极限

5. 下列材料哪一个属于塑性材料？（　　）
   A. 低碳钢　　　B. 铸铁　　　C. 混凝土　　　D. 石材

6. 杆件变形大小用（　　）度量。
   A. 强度　　　B. 位移　　　C. 刚度　　　D. 稳定性

7. 拉压杆横截面上各点只产生沿垂直于横截面方向的（　　）。
   A. 点应力　　　B. 切应力　　　C. 正应力　　　D. 平均应力

8. 平面平行力系的简化依据是（　　）。
   A. 力偶等效定理　　　　　　　　　B. 力的可传性原理
   C. 力的平行四边形法则　　　　　　D. 力的平移定理

9. 平面任意力系独立平衡方程总数为（　　）。

A. 3个　　　　　　　B. 2个　　　　　　　C. 1个　　　　　　　D. 无数个

10. 梁在剪切弯曲时，横截面上同时存在的两种内力是（　　）。

A. 轴力和剪力　　　　　　　　　B. 剪力和弯矩

C. 轴力和弯矩　　　　　　　　　D. 弯矩和扭矩

二、受力分析题（15分）

1. 重力为 G 的球放在光滑斜面上，并用绳索系于墙上，如下图所示，试画出球的受力图（5分）。

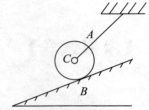

2. 梁 AC 自重不计，受力如下图所示，试作梁 AC 的受力图（10分）。
注：要求画出两种形式不同的受力图。

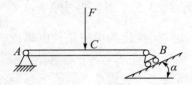

三、绘图题（共25分）

1. 画出下图所示多力杆的轴力图（5分）。

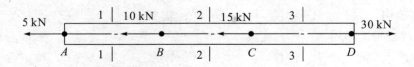

2. 如图所示传动轴，$M_{eA} = 1591.5$ N·m、$M_{eB} = M_{eC} = 477.5$ N·m、$M_{eD} = 636.5$ N·m，试画出该轴的扭矩图（5分）。

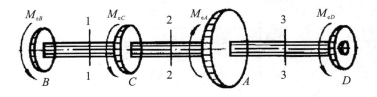

3. 画出下图所示外伸梁的剪力图和弯矩图（7+8分）。

注：$F_{YA} = 8$ kN（↑），$F_{YC} = 20$ kN（↑）。

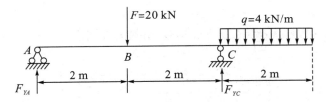

四、计算题（每小题 15 分，共 30 分）

1. 如图所示刚架，已知 $L=2$ m，$F=100$ N，求支座反力。

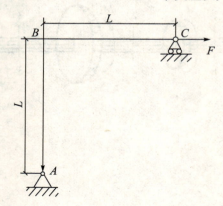

2. 已知一圆形拉杆，拉力 $P=10\pi$ kN，材料的许用应力 $[\sigma]=100$ MPa，试求杆的直径 d。

试卷二（第 10 章至第 15 章内容）

一、选择题（每小题 3 分，共 30 分）

1. 梁横截面上的正应力，下列哪个说法不正确？（　　）
   A. 正应力沿截面宽度为曲线分布　　　　　B. 中性轴上正应力为零
   C. 正应力沿截面高度线性分布　　　　　　D. 最大正应力发生在距中性轴最远处

2. 平面弯曲梁的中性轴（　　）。
   A. 一定不通过截面形心　　　　　　　　　B. 一定通过截面形心
   C. 可能通过截面形心　　　　　　　　　　D. 不确定

3. 圆环形梁横截面上的最大切应力为其平均切应力的（　　）。
   A. 1 倍　　　　　B. 3 倍　　　　　C. 2 倍　　　　　D. 1.5 倍

4. 矩形截面梁切应力沿截面高度（　　）。
   A. 按均匀规律分布　　　　　　　　　　　B. 按三次抛物线规律分布
   C. 按线性规律分布　　　　　　　　　　　D. 按二次抛物线规律分布

5. 在横截面的面积 A 相等的情况下，下列哪种形状截面梁的强度最大？（　　）
   A. 工字形　　　B. 正方形　　　C. 矩形　　　D. 圆形

6. 一端固定端，另一端铰支的等截面细长压杆长度因数 μ 为（　　）。
   A. 1　　　　　B. 0.7　　　　　C. 0.5　　　　　D. 2

7. 平面上一个刚片的自由度是（　　）。
   A. 1 个　　　　B. 2 个　　　　C. 3 个　　　　D. 0 个

8. 梁的抗弯刚度是（　　）。
   A. EA　　　B. GI_p　　　C. GA　　　D. EI

9. 刚结点能承担和传递弯矩，所以不论杆件中是否作用有横向荷载，都将产生弯曲变形，各横截面常有（　　）。
   A. 弯矩、剪力和轴力三种内力　　　B. 弯矩、剪力和扭矩三种内力
   C. 扭矩、剪力和轴力三种内力　　　D. 弯矩、剪力二种内力

10. 各杆不能绕结点作相对转动的结点称为（　　）。
    A. 铰结点　　　B. 刚结点　　　C. 组合结点　　　D. 交点

二、简答题（每小题 5 分，共 30 分）

1. 平面体系几何组成分析的目的是什么？

2. 拱有哪些主要优缺点？

3. 结构计算简图的简化内容有哪些？

4. 梁的刚度计算类型有哪些？

5. 什么叫组合变形？

6. 提高压杆的稳定性有哪些措施？

三、几何组成分析题（每小题 10 分，共 20 分）

试对下列图示体系作几何组成分析。

注：要写出分析过程。

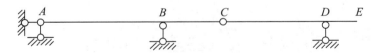

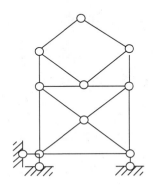

四、计算题（20 分）

图示简支木梁，已知作用荷载 $F=3.6$ kN，梁跨长 $l=4$ m，木材的许用应力 $[\sigma]$ $=10$ MPa，弹性模量 $E=10$ GPa，许用相对挠度 $[f/l]=1/250$。试设计该木梁的截面直径 d。

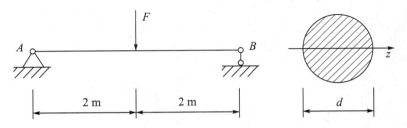

【参考答案及评分标准】

试卷一（第 1 章至第 9 章内容）

一、选择题（每小题 3 分，共 30 分）

1. A 2. B 3. C 4. D 5. A 6. B 7. C 8. D 9. A 10. B

二、受力分析题（每图 5 分，共 15 分）

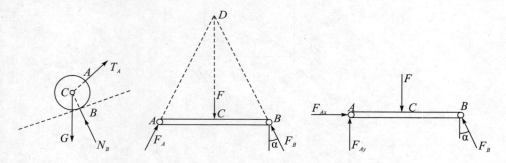

三、绘图题（共 25 分）

1. 画出下图所示多力杆的轴力图（5 分）。

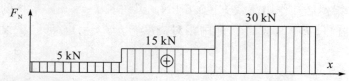

2. 如图所示传动轴，$M_{eA} = 1591.5$ N·m、$M_{eB} = M_{eC} = 477.5$ N·m、$M_{eD} = 636.5$ N·m，试画出该轴的扭矩图（5 分）。

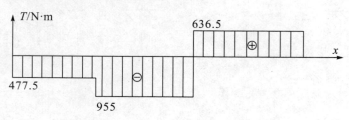

3. 画出下图所示外伸梁的剪力图和弯矩图（7+8分）。

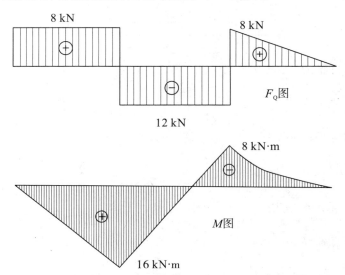

四、计算题（每小题 15 分，共 30 分）

1. 如图所示刚架，已知 $L=2$ m，$F=100$ N，求支座反力。

解：①取刚架 ABC 为研究对象。

②画出刚架 ABC 的受力图。 （3分）

③建立直角坐标系 A_{xy}（可省略）。

④列出平衡方程：

$\sum F_x=0$，$F_{A_x}+F=0$ （3分）

$\sum F_y=0$，$F_{Ay}+F_C=0$ （3分）

$\sum M_A(F)=0$，$-FL+F_CL=0$ （3分）

⑤解平衡方程，求出未知量。

联立求解平衡方程得：$F_{Ax}=-100$ N，$F_{Ay}=-100$ N，$F_C=100$ N （1+1+1分）

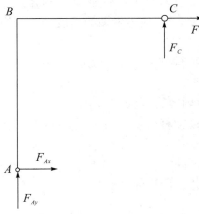

2. 已知一圆形拉杆，拉力 $P=10\pi$ kN，材料的许用应力 $[\sigma]=100$ MPa，试求杆

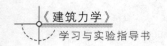

的直径 d。

解：①求杆件轴力

$F_N = 10\pi$ kN   （3分）

②强度计算

由正应力强度条件 $\sigma_{max} = \dfrac{F_N}{A} \leqslant [\sigma]$ 得   （2分）

$A = \pi d^2/4 \geqslant \dfrac{F_N}{[\sigma]}$ （5分）

$d \geqslant \sqrt{\dfrac{4F_N}{\pi[\sigma]}} = \sqrt{\dfrac{4 \times 10\pi \times 10^3}{\pi \times 100}} = 20$ （mm）   （4分）

所以，杆的直径 $d = 20$ mm。   （1分）

试卷二（第 10 章至第 15 章内容）

一、选择题（每小题 3 分，共 30 分）

1. A 2. B 3. C 4. D 5. A 6. B 7. C 8. D 9. A 10. B

二、简答题（每小题 5 分，共 30 分）

1. 平面体系几何组成分析的目的是什么？

答：①判别某一体系是否几何不变，从而决定它能否作为结构。

②研究几何不变体系的组成规则，以便合理布置构件。

③区分静定结构和超静定结构，以便选择相应的计算方法。

2. 拱有哪些主要优缺点？

答：优点：水平反力产生负弯矩，可以抵消一部分正弯矩，与简支梁相比拱的弯矩、剪力较小，轴力较大（压力），应力沿截面高度分布较均匀。节省材料，减轻自重，能跨越大跨度。

缺点：拱对基础或下部结构施加水平推力，增加了下部结构的材料用量；构造复杂，施工难度大。

3. 结构计算简图的简化内容有哪些？

答：①杆件体系的简化；②杆件的简化；③结点的简化；④支座的简化；⑤荷载简化。

4. 梁的刚度计算类型有哪些？

答：刚度校核、截面设计、计算许可荷载。

5. 什么叫组合变形？

答：两种以上单一变形组合在一起的变形，称为组合变形。

6. 提高压杆的稳定性有哪些措施？

答：①合理选择截面形状；②增大杆端的约束刚度；③尽量减小压杆的长度；④合理选择材料。

三、几何组成分析题（每小题 10 分，共 20 分）

试对下列图示体系作几何组成分析。

注：每小题分析过程（5 分），结论（5 分）。

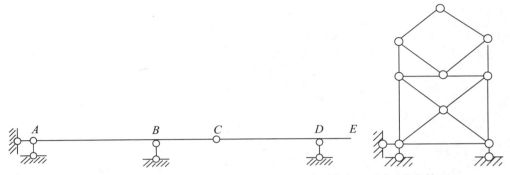

结论：无多余约束的几何不变体系。　　　　结论：几何瞬变体系。

四、计算题（20 分）

图示简支木梁，已知作用荷载 $F=3.6\ kN$，梁跨长 $l=4\ m$，木材的许用应力 $[\sigma]=10\ MPa$，弹性模量 $E=10\ GPa$，许用相对挠度 $[f/l]=1/250$。试设计该木梁的截面直径 d。

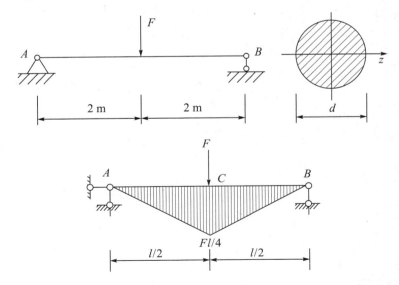

解：

①画弯矩图，求最大弯矩（5 分）。$M_{max}=\dfrac{Fl}{4}=\dfrac{3.6\times4}{4}=3.6\ (kN\cdot m)$

②按正应力强度条件设计（7分）。$\sigma_{max} = \dfrac{M_{max}}{W_z} = \dfrac{M_{max}}{0.1d^3} \leqslant [\sigma]$

$$d \geqslant \sqrt[3]{\frac{M_{max}}{0.1[\sigma]}} = \sqrt[3]{\frac{3.6 \times 10^6}{0.1 \times 10}} = 153.3 \ (\text{mm})。$$

取 $d = 160$ mm

按梁的刚度条件校核（8分）。

$$y_{max} = \frac{FL^3}{48EI}$$

$$\frac{y_{max}}{l} = \frac{Fl^2}{48EI} = \frac{3.6 \times 10^3 \times 4^2 \times 10^6}{48 \times 10 \times 10^3 \times 0.05 \times 160^4} = \frac{1}{273} < \left[\frac{1}{250}\right]$$

梁的刚度满足。所以该木梁的直径取 $d = 160$ mm。

项目六　建筑力学课程教学大纲

一、课程性质与任务

建筑力学课程是土木工程专业的专业必修课，是土木工程专业的主干课程。同时又为建筑结构、建筑施工技术、土力学与地基基础等专业课程提供必不可少的力学基础知识，并在许多工程技术领域中有着广泛的应用。其任务是研究各种建筑结构或构件在荷载作用下的平衡条件以及承载能力。

二、课程教学原则和方法

教学原则：突出基本概念、基本理论和基本方法；简化数学推演，强化物理和工程概念；充分利用现代教学手段，倡导传统与现代结合的教学模式，师生互动，启发诱导，激活思维，鼓励创新。

教学方法：精讲多练、讲练结合，在教学过程中，以理论讲述为主，通过大量习题的练习巩固所学知识。

三、课程教学目标

1. 知识目标

掌握平面力系的平衡条件及应用，掌握结构构件的内力分析及强度、刚度和稳定性的计算，掌握静定结构和简单超静定结构的内力分析及位移计算，为建筑结构、土力学与地基基础及建筑施工技术等课程打下基础，也为结构设计和解决施工现场问题做准备。

2. 能力目标

具有对一般结构与构件作受力分析的能力，对结构与构件作强度、刚度、稳定性核算的能力，了解材料的主要力学性能并有测试强度指标的初步能力。

3. 德育目标

培养学生严谨的治学态度和科学的思维方式。

四、课程内容及要求

绪论

【教学目的和要求】

了解建筑力学的研究对象和任务，建筑力学的内容，建筑力学的学习方法。

1. 静力学基础

【教学目的和要求】

教学目的：介绍静力学公理和物体的受力分析，为静力学后面的章节乃至材料力学等后续力学课程的学习打下基础。

教学要求：掌握力、刚体、平衡的概念。熟练掌握各种约束及约束反力的特点及其表示方法，学会正确判定二力杆。逐渐掌握三力平衡汇交定理在画受力图中的应用。能够迅速正确地画出各种物体受力图。

【内容提要】

第一节　静力学的基本概念
第二节　静力学基本公理
第三节　荷载的概念及其分类
第四节　约束与约束反力
第五节　物体的受力分析和受力图

【教学重点与难点】

教学重点：物体的受力分析。

教学难点：约束的特性、物体受力分析时分离体的选取。

2. 平面汇交力系

【教学目的和要求】

教学目的：研究平面汇交力系的合成与平衡问题，它的理论是研究平面任意力系的基础。

教学要求：掌握平面汇交力系合成的几何法和解析法，掌握平面汇交力系平衡的几何条件，熟练应用平衡方程解决平汇交力系的平衡问题。

【内容提要】

第一节　平面汇交力系合成与平衡的几何法
第二节　平面汇交力系合成与平衡的解析法

【教学重点与难点】

教学重点：平面汇交力系合成的几何法和解析法及两种情况下的平衡条件。

教学难点：合力投影定理的证明。

3. 力对点的矩与平面力偶系

【教学目的和要求】

教学目的：研究平面力偶系的合成与平衡问题，它的理论是研究平面任意力系的基础。

教学要求：会求力对平面上任意点的矩，理解力偶与力偶矩的概念，掌握力偶的性质，掌握平面力偶系的合成和平衡条件并能灵活运用。

【内容提要】

第一节　力对点之矩

第二节　力偶和力偶矩

第三节　平面力偶系的合成与平衡

【教学重点与难点】

教学重点：平面力偶系合成与平衡条件。

教学难点：合力矩定理的证明。

4．平面任意力系

【教学目的和要求】

教学目的：本章运用力向一点的简化方法来研究平面任意力系向一点的简化结果，并以此来研究平面任意力系的平衡问题。

教学要求：掌握平面任意力系的简化及其结果，掌握平面任意力系与平面平行力系平衡条件的各种表达形式。熟练掌握各种平衡条件的应用。学会处理物体系统平衡的基本方法。

【内容提要】

第一节　平面任意力系向一点简化

第二节　平面任意力系的平衡方程及其应用

第三节　平面平行力系的平衡方程及其应用

第四节　物体系统的平衡

【教学重点与难点】

教学重点：主矢和主矩概念的理解，力系合成的最后结果，应用三种形式的平衡方程求解单个物体的平衡问题，求解物体系统的平衡问题。

教学难点：物系平衡问题的研究对象、方程的选取。

5．材料力学的基本概念

【教学目的和要求】

教学目的：介绍材料力学的任务、研究方法、基本研究条件（基本假设）、研究对象，杆件变形的基本形式，使学生对材料力学有粗浅的了解。

教学要求：了解课程的性质、任务和研究对象；建立构件的强度、刚度、稳定性等基本概念；建立变形固体概念，理解并牢记其基本假设；了解材料弹性变形和塑性变形的基本特征；了解杆件的基本变形形式。

【内容提要】

第一节　变形固体及其基本假设

第二节　杆件变形的基本形式

第三节　内力·截面法·应力

【教学重点与难点】

教学重点：强度、刚度、稳定性的概念，变形固体的基本假设，弹性变形和塑性变形的概念，内力、截面法、应力、应变的概念。

教学难点：内力、截面法、应力的理解。

6. 轴向拉伸和压缩

【教学目的和要求】

教学目的：研究轴向拉（压）杆件变形特点、条件，内力、应力、变形和应变的计算，研究材料的力学性能，介绍许用应力、安全系数的概念，建立轴向拉压杆的强度条件。介绍应力集中的概念。

教学要求：正确了解内力、应力、应变、强度的概念，正确熟练地绘制轴力图，掌握横截面、斜截面上的应力分布及计算，了解材料的主要力学性能，具有测试强度指标的初步能力，理解安全系数与许用应力的概念，熟练地进行轴拉压杆件强度校核和截面设计。了解应力集中的概念。

【内容提要】

第一节　轴向拉伸和压缩时的内力
第二节　轴向拉伸和压缩时的应力
第三节　轴向拉（压）杆的变形·胡克定律
第四节　材料在拉伸和压缩时的力学性质
第五节　轴向拉（压）杆的强度条件及其应用
第六节　应力集中的概念

【教学重点与难点】

教学重点：拉（压）杆的内力、应力的概念及计算，内力图的绘制，材料在拉伸和压缩时的力学性质，许用应力的概念和强度条件、强度方面的三类问题。

教学难点：材料力学性质的实验测量及工程应用。

7. 剪切与扭转

【教学目的和要求】

教学目的：解决剪切与挤压、扭转强度、扭转变形和扭转刚度的计算。

教学要求：理解剪切与挤压的概念并掌握剪切与挤压的实用计算。理解扭转的概念及扭转的内力、应力。理解剪切虎克定律和切应力互等定理。理解极惯性矩和抗扭截面系数的概念。熟练地进行扭转杆的强度和刚度计算。

【内容提要】

第一节　剪切与挤压的概念
第二节　剪切与挤压的实用计算
第三节　剪切虎克定律与切应力互等定理
第四节　圆轴扭转时的内力
第五节　圆轴扭转时的应力
第六节　圆轴扭转时的强度计算

第七节　圆轴扭转时的变形和刚度计算

【教学重点与难点】

教学重点：扭矩计算及扭矩图的绘制；等直圆杆扭转时横截面上切应力的分布规律及任一点切应力的计算，扭转变形的计算，危险截面和危险点的判断，扭转强度、刚度方面三类问题的求解。

教学难点：受多个外力偶作用的变截面轴的任意两横截面间相对扭转角的计算，危险截面的判断。

8. 平面图形的几何性质

【教学目的和要求】

教学目的：解决平面图形几何性质的计算。

教学要求：要求学生了解平面图形的几何性质在材料力学中的作用，熟悉材料力学中常用的平面图形几何性质——形心、静矩、极惯性矩、惯性矩、惯性积，牢记这些量的定义式和相互关系；理解平面图形惯性半径、主惯性轴和主惯性矩、形心主惯性轴和形心主惯性矩的概念；了解平面图形惯性矩的平行移轴公式；了解确定截面形心主惯性轴和形心主惯性矩的一般方法和步骤。

【内容提要】

第一节　平面图形的形心坐标公式

第二节　平面图形常见的几个几何性质

第三节　形心主惯性轴和形心主惯性矩的概念

【教学重点与难点】

教学重点：各种平面图形几何性质的定义式、静矩与形心的关系、惯性半径、惯性矩的平行移轴公式。

教学难点：组合平面图形的形心主惯性轴和形心主惯性矩的确定与计算。

9. 梁的内力

【教学目的和要求】

教学目的：平面弯曲梁的内力计算与内力图的绘制。

教学要求：了解工程中的弯曲问题主要有哪些和梁的荷载有哪些，会求梁的内力并会画出梁的内力图——剪力图和弯矩图，理解荷载、剪力和弯矩三者间的关系。

【内容提要】

第一节　平面弯曲

第二节　梁的弯曲内力——剪力和弯矩

第三节　梁的内力图——剪力图和弯矩图

【教学重点与难点】

教学重点：绘制梁的剪力图和弯矩图，确定最大值出现的位置和数值，q、F_Q、M间的微（积）分关系的应用。

教学难点：用微分关系和叠加原理作内力图。

10. 梁的应力与强度计算

【教学目的和要求】

教学目的：弯曲强度计算。

教学要求：会求梁的正应力和矩形截面梁的切应力，并进行强度判断；掌握提高梁抗弯强度的措施。

【内容提要】

第一节 纯弯曲时梁横截面上的正应力

第二节 梁的正应力强度条件

第三节 梁的切应力及其强度条件

第四节 提高梁抗弯强度的措施

【教学重点与难点】

教学重点：平面弯曲梁横截面上正应力的分布规律和计算，矩形截面梁横截面上切应力的分布规律和计算，平面弯曲梁危险截面和危险点的判断，弯曲正应力强度方面的三类问题。

教学难点：梁的正应力和切应力计算，梁的危险截面和危险点的判断。

11. 梁的变形与刚度计算

【教学目的和要求】

教学目的：讨论梁的变形、位移，解决梁的位移计算和刚度校核，也为求解超静定梁作准备。

教学要求：要求学生了解平面弯曲梁变形的概念及工程上用于度量梁的变形的物理量（挠度和转角）以及它们之间的关系，了解建立梁的挠曲线的近似微分方程的数学和力学的依据，能熟练地使用叠加法计算指定截面的挠度和转角。了解超静定问题的求解方法。

【内容提要】

第一节 梁的位移——挠度和转角

第二节 用叠加法求梁的位移

第三节 梁的刚度校核

第四节 简单超静定梁的解法

【教学重点与难点】

教学重点：叠加法求梁的位移。

教学难点：挠曲线近似微分方程的理解和应用，梁的位移边界条件，积分法求解单跨静定梁在简单荷载作用下的位移。

12. 梁的应力状态和强度理论简介

【教学目的和要求】

教学目的：确定受力构件中一点任意方向的应力、主应力和主方向、最大切应力及其作用面，建立强度理论。

教学要求：了解应力状态、主应力、极值切应力和主应力迹线的概念，会求平面应力状态下任意斜截面上的应力，理解强度理论。

【内容提要】

第一节　应力状态的概念

第二节　平面应力状态分析

第三节　常用强度理论

【教学重点与难点】

教学重点：截取一点的原始单元体，计算平面应力状态下任一斜截面上的应力、主平面和主应力、最大切应力平面和最大切应力，四个常用强度理论的理论观点及选用。

教学难点：强度理论的选用。

13. 组合变形简介

【教学目的和要求】

教学目的：解决组合变形杆件的强度计算问题。

教学要求：要求学生建立组合变形的概念，掌握组合变形的判断方法；熟练掌握斜弯曲、拉伸（压缩）与弯曲两种组合变形的外力条件、内力分量；能准确地判断组合变形的危险截面、危险点的位置，正确熟练地截取危险点的原始单元体，计算危险点的主应力，并能正确地选择强度理论进行强度计算；理解截面核心的概念，会计算简单平面图形的截面核心。

【内容提要】

第一节　组合变形的概念与实例

第二节　斜弯曲

第三节　拉伸（压缩）和弯曲组合变形

第四节　偏心拉伸（压缩）杆件的强度条件及截面核心

【教学重点与难点】

教学重点：组合变形类型的判断，斜弯曲、拉伸（压缩）与弯曲、两种组合变形危险截面、危险点的位置确定，危险点的应力状态分析。

教学难点：确定危险截面、危险点的位置，分析危险点的应力状态。

14. 压杆稳定简介

【教学目的和要求】

教学目的：解决压杆稳定性计算。

教学要求：要求学生建立压杆失稳的概念和压杆稳定性问题的分析方法；理解、掌握细长中心受压直杆临界力和临界应力计算的欧拉公式及适用范围，会确定各种压杆的长度因数 μ，能正确地选用计算压杆临界力公式；能用安全系数法建立稳定性条件、计算压杆稳定方面的三类问题；掌握提高压杆稳定性的措施。

【内容提要】

第一节　压杆稳定的基本概念

第二节　临界力的确定

第三节　压杆稳定计算
第四节　提高压杆稳定性的措施
【教学重点与难点】
教学重点：压杆稳定性和的临界力概念，细长中心受压直杆临界力和临界应力的欧拉公式、适用范围，长度因数 μ 的概念及确定，压杆的分类，压杆的稳定性条件及稳定的实用计算，提高压杆稳定性的措施。

教学难点：欧拉公式及适用范围，μ 的确定，用安全系数法设计压杆截面。

15．工程中常见结构简介

【教学目的和要求】
教学目的：介绍结构类型及结构的受力与变形特点。

教学要求：掌握结构力学的研究对象、荷载的分类、结点及支座的分类、结构的计算简图及分类，领会几何不变体系、几何可变体系、瞬变体系和刚片、约束、自由度等概念。掌握无多余约束的几何不变体系的几何组成规则，及常见体系的几何组成分析。了解各种结构的受力与变形特点。

【内容提要】
第一节　结构计算简图
第二节　结构的分类
第三节　平面杆件体系的几何组成分析
第四节　静定杆件结构的特点与应用
第五节　几种静定结构受力性能的比较
第六节　超静定结构的特性
【教学重点与难点】
教学重点：平面杆件体系的几何组成分析，结构分类与各种结构的受力与变形特点。

教学难点：超静定结构的特性。

五、学时分配

序号	内容	小计	类型			备注
			讲课	实验与实训	习题课	
1	静力学基础	8	6	1	1	
2	平面汇交力系	4	4			
3	力对点的矩与平面力偶系	4	4			
4	平面任意力系	10	6	2	2	
5	材料力学的基本概念	2	2			
6	轴向拉伸和压缩	10	6	4		
7	剪切和扭转	8	6	2		

序号	内容	小计	类型			备注
			讲课	实验与实训	习题课	
8	平面图形的几何性质	4	4			
9	梁的内力	8	6	1	1	
10	梁的应力与强度计算	10	6	2	2	
11	梁的变形与刚度计算	6	4	2		
12	梁的应力状态和强度理论简介	6	4		2	
13	组合变形简介	4	4			
14	压杆稳定简介	6	4		2	
15	工程中常见结构简介	12	10		2	
16	机动	10	10			
	合计	112	86	14	12	

六、考核方式

本课程为考试课程。期末考试占 70%，实验占 15%，平时考核占 15%。

七、主要使用的教材与参考书

选用教材：陈德先主编《建筑力学》。

参考书目：

[1] 周任，徐广舒. 建筑力学 [M]. 北京：机械工业出版社，2008.

[2] 李丙申. 建筑力学 [M]. 北京：机械工业出版社，2010.

[3] 王长连. 土木工程力学 [M]. 北京：机械工业出版社，2009.

[4] 邹建奇，姜浩，段文峰. 建筑力学 [M]. 北京：北京大学出版社，2010.

[5] 石立安. 建筑力学 [M]. 北京：北京大学出版社，2009.

[6] 于英. 建筑力学 [M]. 北京：中国建筑工业出版社，2007.

八、编写说明

1. 本大纲的适用范围

本大纲适用于土木工程系高职高专各专业，其中工程造价、建筑设备与房地产经济与管理专业只上第一章至第十一章。

2. 教学方法的建议

本课程是一门理论性和实践性很强的课程。课堂教学要注意启发式，引导学生积极思考，反对注入式教学方法。学习本课程时要注意理解它的基本原理，掌握它的分析方法和解题思路，特别是要从这些具体方法中学习分析问题的一般方法，切记死记硬背；另外，还要让学生多做练习，以加强理解和记忆。

3. 实践性环节教学要求

建筑力学的基本理论和知识在建筑结构和构件的承载能力计算中是不可缺少的基础，也是从事建筑设计和施工的工程技术人员必不可少的基础理论知识。因此，在学习时注意理论联系实际。通过施工现场的参观、实习来了解实际工程的力学问题、结构布置、配筋构造、施工工艺等。

项目七　超静定结构分析简介

超静定结构分析是建筑力学结构力学部分的主要内容，但在本课程中属于力学知识拓展部分，本项目的主要目的是要求学生掌握一些基本概念和基本知识。超静定结构在工程实际中很常见，但其内力分析要比静定结构复杂。

超静定结构的内力分析是以静定结构的内力分析和位移计算为基础的。

第一节　超静定结构概述

一、超静定结构的特征

几何特征：超静定结构是有多余约束的几何不变体系。

静力特征：超静定结构的全部内力和反力仅由平衡条件求不出来，还必须考虑变形条件。

要求出超静定结构的内力必须先求出多余约束的反力或内力，一旦求出它们，就变成静定结构的内力计算问题了。所以关键在于解决多余约束的反力或内力。

二、超静定结构的超静定次数

超静定结构所具有的多余约束的数目就是它的超静定次数。

三、超静定结构的计算方法分类

超静定结构分析的基本方法有力法和位移法两种。手算时，凡是多余约束多、结点位移少的结构用位移法；反之用力法。

超静定结构的电算解法是矩阵位移法。

超静定结构的近似解法有力矩分配法、无剪力分配法、迭代法、分层法、反弯点法等。

力矩分配法：适于连续梁与无侧移刚架。

无剪力分配法：适于规则的有侧移刚架。

迭代法：适于梁的刚度大于柱刚度的各种刚架。

分层法：适用于求解竖向荷载作用下的内力。

反弯点法：适用于求解水平荷载作用下的强梁弱柱结构的内力。

超静定桁架和超静定拱宜用力法求解。

连续梁、无侧移刚架宜用位移法或力矩分配法求解。

有侧移刚架宜用位移法或无剪力分配法等求解。

第二节　力法

一、力法的基本体系

如图 7-1（a）所示为一端固定，一端铰支的梁，承受荷载 q 的作用，EI 为常数。该梁有一个多余约束，是一次超静定结构。若将支座 B 看作是多余约束，在去掉该约束后，代之以相应的多余未知力 X_1，如图 7-1（a）所示的超静定梁就转化为如图 7-1（b）所示的在荷载 q 和多余未知力 X_1 共同作用下的静定梁。这种去掉多余约束，用多余未知力来代替后得到的静定结构体系称为用力法计算的原结构的基本体系。

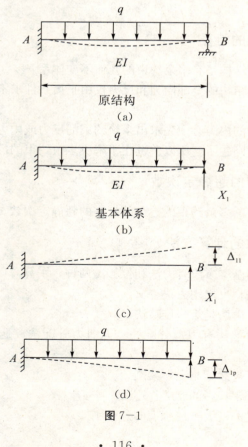

图 7-1

二、力法的基本未知量

如果设法把多余未知力 X_1 计算出来，那么，原来超静定结构计算问题就可以转化为静定结构的计算问题。因此，计算超静定结构的关键就在于优先求出多余未知力。多余未知力是最基本的未知力，又可称为力法的基本未知量。这个基本未知量 X_1 不能用静力平衡条件求出，而必须根据基本体系的受力和变形与原结构一致的原则来确定。

三、力法的基本方程

我们来分析原结构和基本体系的变形情况。原结构在支座 B 处由于有多余约束而不可能有竖向位移，而基本体系在荷载 q 和多余未知力 X_1 共同作用下，在支座 B 处的竖向位移也只有等于零时，才能使基本体系的变形情况与原结构的变形完全一致。所以，用来确定多余未知力 X_1 的位移条件是：基本体系在原有荷载和多余未知力共同作用下，在去掉多余约束处的位移 Δ_1（沿 X_1 方向的位移）与原结构中相应的位移相等。即

$$\Delta_1 = 0$$

如图 7-1（c）、(d) 所示，以 Δ_{11} 和 Δ_{1p} 分别表示多余未知力 X_1 和荷载 q 单独作用在基本体系时，B 点沿 X_1 方向的位移。根据叠加原理，应有

$$\Delta_1 = \Delta_{11} + \Delta_{1p} = 0$$

符号右下方两个角标的含义是：第一个角标表示位移的位置和方向，第二个角标表示产生位移的原因。例如：Δ_{11} 表示在 X_1 的作用点，沿着 X_1 的作用方向，由 X_1 所产生的位移；Δ_{1p} 表示在 X_1 的作用点，沿着 X_1 的作用方向，由外荷载 q 所产生的位移。

若以 δ_{11} 表示 X_1 为单位力（$X_1 = 1$）时，基本体系在 B 点处沿 X_1 方向产生的位移，则有 $\Delta_{11} = \delta_{11} X_1$。因此，可以把上面的位移条件表达式改写为

$$\delta_{11} X_1 + \Delta_{1p} = 0 \qquad\qquad\qquad (a)$$

$$X_1 = \frac{-\Delta_{1p}}{\delta_{11}} \qquad\qquad\qquad (b)$$

式（a）就是根据原结构的变形条件建立的用以确定 X_1 的变形协调方程，即力法的基本方程。

因 δ_{11}、Δ_{1p} 都是静定结构在已知外力作用下的位移，故均可用求静定结构位移的方法求得，从而多余未知力 X_1 的大小和方向，可由式（b）确定。如果求得的多余未知力 X_1 为正值，说明多余未知力 X_1 的实际方向与原来假设的方向相同；如果求得的多余未知力 X_1 为负值，则实际方向与原来假设的方向相反。

为了计算位移 δ_{11} 和 Δ_{1p}，可分别绘出基本体系在 $X_1 = 1$ 和荷载 q 作用下的弯矩图，如图 7-2（a）、(b) 所示。用图乘法计算 δ_{11} 和 Δ_{1p} 得

$$\delta_{11} = \int \frac{\overline{M}_1 \overline{M}_1}{EI} \mathrm{d}x = \frac{l^3}{3EI}$$

$$\Delta_{1p} = \int \frac{\overline{M}_1 M_p}{EI} \mathrm{d}x = \frac{ql^4}{8EI}$$

将所求得的 δ_{11} 和 Δ_{1p} 代入式（b），即可求出多余未知力 X_1 的值为

$$X_1 = \frac{-ql^4/8EI}{l^3/3EI} = \frac{3ql}{8} \quad (\uparrow)$$

求出多余未知力 X_1 后，将 X_1 和荷载 q 共同作用在基本体系上，利用静力平衡条件就可以计算出原结构的反力和内力。

原结构上的弯矩图 M 可根据叠加原理，按下列公式计算，即

$$M = X_1 + M_p$$

应用上式绘制原结构的最后弯矩图 M 时，可将图的纵标乘以 X_1 倍，再与 M_p 图的相应纵标叠加，即可绘出 M 图。如图 7—2（c）所示。

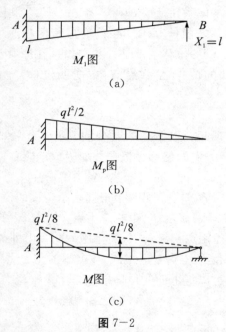

图 7—2

按照以上分析计算超静定结构的内力，基本思路是：先去掉多余约束而得到静定的基本体系，以多余未知力作为基本未知量，然后根据基本体系与原结构再去掉多余约束处具有相同的变形状态这一位移条件，建立基本方程，解此方程求出多余未知力，最后利用平衡条件或叠加原理，求内力并绘内力图。这样就把超静定结构的计算问题，化为静定结构内力和位移的计算问题，这种方法称为力法。

注：多次超静定结构的力法解法及其他解超静定结构的方法，对文化基础好，有从事结构设计愿望的同学，可参考其他《建筑力学》教材。

附录一　建筑力学课程课外考察报告单

班　级		年　　月　　日		
考察内容	记录考察地点、项目名称、工程概况、结构类型及构件形状等			
主要收获				
教学建议				
学生签名				

附录二 《建筑力学》主教材更正

1. 第 7 页图 1-3 中 "$F_1=F_2$" 改为 "$F_1=-F_2$"。

2. 第 12 页第 12 行图 1-12 中 " (d)" 改为 " (f)"。

3. 第 12 页第 15 行图 1-12 中 " (f)" 改为 " (g)"。

4. 第 14 页例 1-1 中 "铅直的墙上" 改为 "水平面上"。

5. 第 27 页第 2 行 "$F_{x3}=900\ \text{kN}$" 改为 "$F_{x3}=-900\ \text{kN}$"。

6. 第 50 页习题 4-1 答案中 "$F_B=-4qa$" 改为 "$F_B=-qa/4$"。

7. 第 50 页习题 4-3 答案中 "M_B" 改为 "M_A"

8. 第 81 页习题 6-1 (c) 图中删除第 3 个箭头。

9. 第 82 页习题 6-4 中 "$P=15\ \text{kN}$" 改为 "$F=15\ \text{kN}$"，"设计 AC 杆" 改为 "设计 AB 杆"。

10. 第 113 页第 12 行中 "$F_Q=F_A$" 改为 "$F_Q=F_{Ay}$"。

11. 第 124 页表 9-1 中 "Pab/l" 改为 "Fab/l"

12. 第 219 页习题 15-1 的答案中 "(c) 几何瞬变体系" 改为 "几何常变体系"。

13. 第 230 页 "22a 工字钢 $\dfrac{I_x}{S_x}=16.9\ \text{cm}$" 改为 "$\dfrac{I_x}{S_x}=18.9\ \text{cm}$"，"$I_x$；$S_x$" 改为 "$I_x：S_x$"。

参 考 文 献

[1] 陈德先. 建筑力学 [M]. 成都：西南交通大学出版社，2013.

[2] 孔七一，邓林. 土木工程力学基础学习指导 [M]. 北京：人民交通出版社，2010.

[3] 刘思俊. 建筑力学 [M]. 北京：机械工业出版社，2013.

[4] 马景善，金恩平. 土木工程实用力学 [M]. 北京：北京大学出版社，2010.

[6] 石立安. 建筑力学 [M]. 北京：北京大学出版社，2009.

[7] 王彦生. 材料力学实验 [M]. 北京：中国建筑工业出版社，2009.

[8] 王永廉，唐国兴，王晓军. 材料力学学习指导与题解 [M]. 北京：机械工业出版
社，2010.